W0257077

Von der

Chronik des Deutschen Forstwesens.

Begründet von	Fortgeführt von
A. Bernhardt,	**Wilhelm Weise,**
weiland Oberforstmeister und Direktor der Königl. Forstakademie zu Münden.	Forstrath und Professor am Polytechnikum zu Karlsruhe i. B.

erschienen bis jetzt:

I. Jahrgang	1873-75.	Preis M.	1,—.		VI. Jahrgang	1880.	Preis M.	2,—.
II. "	1876.	" "	1,—.		VII. "	1881.	" "	1,20.
III. "	1877.	" "	1,20.		VIII. "	1882.	" "	1,20.
IV. "	1878.	" "	1,40.		IX. "	1883.	" "	1,20.
V. "	1879.	" "	2,—.		X. "	1884.	" "	1,20.

Zehn Jahre sind verflossen, seitdem Bernhardt zum ersten Male mit der **Chronik des deutschen Forstwesens** in die Oeffentlichkeit trat. Er wollte mit diesem Werke „dem Einzelnen, der draußen in seinen Wäldern arbeitet", es ermöglichen, dem Entwickelungsgange der forstlichen Dinge zu folgen und zwar so, daß einerseits das Lesen der Chronik kein zeitraubendes Studium erfordere, andererseits die Anschaffung der jährlich erscheinenden Hefte nur einen geringen Kostenaufwand verursachen sollte.

Außerdem aber war **die Chronik des deutschen Forstwesens** bestimmt, dem zukünftigen Geschichtsschreiber und dem Statistiker brauchbare Anhalte zu geben, sowie durch Quellennachweise auch eingehenden Studien unserer Zeitgenossen behülflich zu sein.

Es war ein reichhaltiges Programm, das die kleine Chronik erfüllen sollte.

Bernhardt zeigte in den ersten vier Jahrgängen, daß die Aufgabe überhaupt gelöst, und wies zugleich die Wege, wie sie gelöst werden konnte.

Die nachfolgenden Redakteure, Forstmeister Sprengel zu Bonn und Forstrath Weise zu Karlsruhe (früher zu Eberswalde), haben die Chronik den Intentionen des Begründers gemäß weiter fortgesetzt. Die in den letzten Jahren stetig gewachsene Zahl der Abonnenten hat dem jetzigen Redakteur bestätigt, daß er Recht darin that, einerseits die alte hergebrachte Form und Art aufrecht zu erhalten, andererseits aber den Wünschen einer wohlwollenden Kritik möglichst weit entgegenzukommen.

Der **zehnte Jahrgang** der Chronik liegt hier vor und erstattet in zehn Kapiteln

1. Personalien.
2. Witterungsbericht.
3. Aus Wirthschaft und Wissenschaft (Waldbau — Forstschutz — Forstgeschichte — Forstbenutzung und Waldwegebau — Forsteinrichtung — Holzmeßkunde — Waldwerthberechnung und Statik).
4. Aus der forstlichen Geräthekammer.
5. Aus dem Rechtswesen.
6. Aus der Verwaltung.
7. Aus dem Versuchswesen.
8. Aus der Statistik.
9. Aus dem Forstunterricht.
10. Vereinswesen und Ausstellungen.

Bericht über das forstliche Jahr 1884. — Der Preis bleibt unverändert Mk. 1,20.

Die unterzeichnete Verlagsbuchhandlung gestattet sich bei dieser Gelegenheit, den neu hinzutretenden Abonnenten die ganze Serie, Jahrgang I—X (umfassend die Jahre 1873—1884) zum Preise von M. 10,— anzubieten.

Um aber auch den früheren Abonnenten eine Gelegenheit zu geben, etwaige Lücken zu vervollständigen, werden, soweit der Vorrath reicht, die Preise der früheren Bändchen im Einzelnen wie folgt ermäßigt:

Bändchen 1 und 2 je 90 Pfennig, Bändchen 3 bis 9 je 1 Mark.

Lieferung geschieht franco bei Franco-Einsendung des Betrages.

Diese Preisermäßigung gilt jedoch nur für kurze Zeit, und treten später die bisherigen Preise (s. oben) wieder ein.

Verlagsbuchhandlung von Julius Springer.

Chronik

des

Deutschen Forstwesens

im Jahre 1884.

Bearbeitet von

W. Weise,
ord. Professor am Polytechnikum zu Karlsruhe u. Forstrath.

X. Jahrgang.

Springer-Verlag Berlin Heidelberg GmbH 1885

ISBN 978-3-662-38944-7
DOI 10.1007/978-3-662-39895-1

ISBN 978-3-662-39895-1 (eBook)

Inhalt.

1. Personalien.

1. Königreich Preußen.

Gestorben: Forstmeister Borchert zu Oppeln. Roth zu Wiesbaden.

Oberförster: Pauli zu Hohenwalde. Salemon zu Letzlingen. v. Alemann (a. D.) zu Genthin. Fuisting zu Rengshausen. Dodillet zu Tzullkinnen. Aldenbrück zu Hürtgen. Rawicz zu Hangelsberg. Neuhaus zu Drusken.

Pensionirt: Oberforstmeister v. Waldow.

Forstmeister: Schulemannn zu Bromberg. v. Münchhausen zu Cassel.

Oberförster: Badenhausen zu Flörsbach. Freiherr v. Wittgenstein zu Carlshafen. Forstinspector Müller zu Merxheim. Gade zu Seelzerthurm. Ahrend zu Alfeld. Brauns zu Diekholzen. Kehr zu Burghaun. Spieler zu Jänschwalde. Gölitz zu Peine. Wiczynski zu Krascheow. Perl zu Fritzen. Niesmann zu Sillium. Weber zu Oestrich. Dietrichs zu Mollenfelde.

Ausgeschieden: Oberförster: Ambronn zu Rittel. Emeis zu Glashütte.

Ernannt: Landforstmeister Donner zum Mitgliede des Staatsraths. Oberforstmeister Wächter zum Landforstmeister mit dem Range der Räthe II. Classe. Zum Oberforstmeister und Mitdirigenten: Oberforstmeister Tramnitz zu Liegnitz.

Zu Oberforstmeistern: Die Forstmeister: v. Kujawa zu Merseburg. v. Wurmb zu Arnsberg.

Zu Forstmeistern: Die Tit. Forstmeister: Hellwig zu Eberswalde. Mühlhausen zu Münden. Die Oberförster: Boy zu Rosengrund. Balthasar zu Jägerhof.

Zu Oberförstern: Die Forstassessoren: Ebart (Fj. L.) Wickel. Rohnert. Thode. Hermes (Fj. L.). Lamprecht. Fischer.

Burckhardt. Bornmüller. Wiederhold. Marquardt (Fj. L.). Euen. Kalk. Wienkoop. Schall. Prömpeler. Roters. Dan gen. Edelmann (Fj. L.). Zacher. Kommallein. Reuß. Freytag (Fj. L.). Gallasch und Lorenz bei der Verwaltung der Kgl. Familiengüter.

2. Königreich Baiern.

Gestorben: Forstmeister Heindl in München.

Oberförster: Schmitt zu Kimratshofen. Krafft zu Moosburg. Schuster zu Grafenwöhr I. Eberlein zu Bergheim. Müller zu Hoppachshoff. Graf zu St. Ingbert. Mack zu Bebelsheim. Kiermeier zu Seestetten. Burger zu Nordhalben. Spengler zu Steben.

Pensionirt: Die Oberförster: Winkler zu Gramschatz. Birzer zu Stamham. Sachs zu Kirchenthumbach. Heusler zu Kaltenbrunn. Fischer zu Kling (Wasserburg). Dietrich zu Tettau. Bolz zu Grönenbach. Gaul zu Stahlberg. Schiesl zu Seeshaupt. Deßloch zu Erlenbach. Knoch zu Zellingen. Albert zu Sailauf. Schneidawind zu Langheim. v. Waldenfels zu Gräfenberg. Reuß in Buchhold. Petzold in Waldsassen. Aufhammer in Schalkhausen. Mit dem Titel als Kgl. Forstmeister: Vogt zu Maisondheim. Kümmel zu Aura. Ullrich zu Bittenbrunn. Pohlmann zu Schnaittach.

Ernannt: Zum Oberförster: Forstamtsassistent Leix.

Zu Forstamtsassessoren: Die bisherigen Forstamtsassistenten Hundertpfund, Stoß, Reinhard, Demharter, Stern, Scharnagl, Grod, Fuchs, v. Besnard, Grüber, Fischer, Pfisterer, Semler, Dotzel, Doblinger, F. Rein, C. Rein, Fries, Gleitsmann, Schierlinger, Walchner.

3. Königreich Sachsen.

Gestorben: Oberförster Sinz zu Raschau.

Pensionirt: Oberforstmeister Kühn in Eibenstock.

Oberförster Lindner in Okrilla.

Ernannt: Zum Oberlandforstmeister: Landforstmeister Roch in Dresden.

Zu Oberforstmeistern: Die Oberförster: v. Löben in Cunnersdorf. Jäger in Reitzenhain.

Zum Forstmeister: Oberförster Roch in Gohrisch.

Zu Oberförstern: Die Förster: Schmidt. Ulbrich. Otto. Frhr. v. Wirsing (Tit.).

Zu Förstern: Die Oberförstercandidaten: Bargmann. Jordan. Sinz.

4. Königreich Württemberg.

Gestorben: Forstmeister Reuß in Bönnigheim.

Die Oberförster: Schelling in Ochsenhausen. Riegel in Gründelhardt. Junginger in Dankoltsweiler. Rau in Gerardstetten.

Revierförster Nickel in Creglingen. Rugel in Grafeneck.

Pensionirt: Revierförster Stahl in Plattenhardt.

Ernannt: Oberforstrath v. Dorrer zum Forstdirektor.

Zum Forstmeister: Oberförster Keller in Hohenheim.

Zum Forstrath (Titel): Forstmeister Probst in Ellwangen.

Zu Oberförstern: Die Revierförster: Paradeis, Wocher, Frost, Kober, Moosmayer, Stoll, Schemer, Erhardt, Krieger, Schwendtner.

Zu Revierförstern: die Revieramtsassistenten Mehl, Herrlinger. Die Forstamtsassistenten Nölter, Müller, Kurz, Plochmann.

5. Großherzogthum Baden.

Gestorben: Die Oberförster: Ostner zu Tauberbischofsheim. Erhardt zu Meßkirch. Lautemann zu Neckargemünd. Ganter zu Bondoof. Gaum zu Graben.

Pensionirt: Die Oberförster: Fischer in Emmendingen. Seibel in Lahr. Schwab in Radolfzell.

Ernannt: Zu Oberförstern: die Forstpraktikanten: Wittemann, Klehe, Keller, Lauterwald, Mangler.

6. Großherzogthum Hessen.

Gestorben. Die Oberförster: Lang zu Gießen, Bock zu Schellenhausen.

Pensionirt. Die Forstmeister: Billhardt zu Romrod, Reiß Darmstadt.

Ernannt. Zum Forstmeister: Die Oberförster Dittmar zu Butzbach, Hofjägermeister von Werner zu Darmstadt.

Zu Oberförstern: die Forstassistenten: Haberkorn, Köhler, Lauer.

7. Großherzogthum Mecklenburg=Schwerin.

Gestorben. Forstinspector Bölcken in Schwerin, die Revierförster: Dohse in Wredenhagen, Gradhandt in Ramm.

Pensionirt. Oberförster Wiegandt in Glaisin.

Ernannt. Zum Forstinspector und Vorstand der Forst=Verm. und Betriebs=Regulierungs=Commission: Revierförster Tackert-Quast.

Zu Revierförstern: Die Revierjäger Lüthke, Grohmann, Schultz, Dahlenburg.

Zu Forstassessoren: von Stenglin, von Amsberg.

8. Großherzogthum Sachsen.

Gestorben: Oberforstmeister von Pöllnitz zu Staitz.

Pensionirt: Oberförster Trinkler in Hardisleben.

Ernannt: Zu Oberförstern: Die Forstassistenten Burgemeister und Voigt.

9. Großherzogthum Mecklenburg=Strelitz. Keine Veränderung.

10. Großherzogthum Oldenburg.

(Birkenfeld.) Pauly zum Forstauditor.

Nachtrag zu 1883. (Oldenburg.) Revierförster Bunnies in Stühe zum Oberförster in Hasbroch. Revierförster Mangela zu Reichwaldau zum Revierförster in Upjever.

(Lübeck.) Oberförster Otto zu Wahlsdorferholz zum Forstmeister in Eutin. Revierförster Krito zum Oberförster in Wahlsdorferholz.

(Birkenfeld.) Forstmeister Asmus mit dem Titel eines Oberforstmeisters pensionirt. Oberförster Jaritz in Oldenburg zum Forstmeister in Birkenfeld ernannt.

11. Herzogthum Braunschweig. Fehlen Nachrichten.

12. Herzogthum Sachsen=Meiningen. Fehlen Nachrichten.

13. Herzogthum Sachsen=Altenburg. Fehlen Nachrichten.

14. Herzogtum Sachsen=Coburg=Gotha.

Gestorben. Forstassistent v. Northeim zu Georgenthal.

Pensionirt. Oberförster Graf zu Gräfentonna.

Zur Disposition gestellt. Förster Lotze in Friedrichswerth.

Ernannt. Zu Forstassistenten: Lerp in Tambach, Brückner in Dörrberg.

Zu Referendaren: v. Blüthe zu Gotha, Arnoldi zu Thal.

15. Herzogthum Sachsen-Anhalt.

Pensionirt: Oberförster Giebeler zu Cobbelsdorf. (Das Revier ist in eine Revierförsterei mit selbstständiger Verwaltung umgewandelt, die Revierförster Bley übertragen ist.

16. Fürstenthum Schwarzburg-Sondershausen.

Pensionirt. Oberförster Böttner zu Keula.

Ernannt. Zu Revierförstern: Die Forstassistenten Preiß, Frankenberger, Keyser.

17. Fürstenthum Schwarzburg-Rudolstadt. Fehlen Nachrichten.

18. Fürstenthum Waldeck und Pyrmont.

Pensionirt: Revierförster Waldschmidt zu Waldeck.

19. Fürstenthum Reuß ä. L.

Ernannt: Zum Forstmeister: Oberförster v. Zehmen zu Burgk.

20. Fürstenthum Reuß j. L. Keine Veränderung.

21. Fürstenthum Schaumburg-Lippe.

Oberförsterei Spissinghof (Oberförster Junker) ist frei geworden.

22. Fürstenthum Lippe. Keine Veränderung.

23. Elsaß-Lothringen.

Gestorben. Oberförster Volley zu Hagenau.

24. Schweiz.

Gestorben. Secretan, alt Forstinspector der Stadt Lausanne, Lardy, desgl. in Neuchâtel. Oberförster Amuat in Pruntrut.

Gewählt. Staufer zum Forstinspector des Berner Oberlandes, de Coulon desgl. für Arrond. II, desgl. Staufer für Arrond. IV des Cantons Neuenburg, Hersche zum Bezirksförster im Cant. St. Gallen.

25. Oesterreich (nach v. S. C. und Hempels Oe. F.).

Gestorben. Oberförster a. D. Seidl in Bodenbach. Forstmeister Sturmann in Rossitz bei Brunn. Forstmeister Vernier in Altendorf. Official von Neupauer in Wien. Schloßverwalter Kundrat. Waldbereiter Swaton in Roth-Jonowitz. Oberförster

Keßler in Kamnitz. Forstcontroleur Fischer in Benatek. Official Baumann in Lemberg. Revierförster Harttau in Bensen. Forstmeister v. Ott in Hohenstadt. Oberförster Zentgraf. Die Förster Drastich in Saybusch, Kollanda in Kissowa. Forstschätz-Commissar Zemlicka in Banjaluka. Oberförster a. D. Korber in Wien. Forstmeister Balthasar in Olmütz. Förster Padewit in Feldsberg. Hofrath Dr. von Hochstetter in Wien. Oberförster Werkstätter in Gmunden. Waldbereiter Strzemcha. Forstmeister Mathiasch in Krizanau. Forstamtsförster Rumler in Schwarz-Kostelez. Forstdirector Weiser in Linz. Revierförster Cerny in Czernanka. Förster Stiegler in Fahrafeld, Kodon in Prag, Kabelka in Gutenstein. Forst-Adjunct Fröhlich in Raan. Oberförster Jop in Salzburg Forstmeister Thomann in Penzing. Rechnungsassistent Hasslwanter. Förster Ritter v. Quolfinger. Förster Butschek in Dohle, Homola in Lundenburg, Budinsky in Wien. Oberförster Menz in Mähr. Schönberg.

Pensionirt. Forstmeister v. Scheure in Wittingau. Die Oberrechnungsräthe Dworzak und Loiskandl in Wien. Forstmeister Bodenstein in Bischofteinitz. Rentamtsassistent Krakowinski in Kalusz. Die Forstcommissare Jaut in Benkowacz, Schmuck in Bozen, Nociller in Tione. Forstmeister Brunst in Hohenelbe. Forstadjunct Pacher in Reutte, Schmuck in Elbigenalp, Mitterwallner in Schwaz. Burok in Silz. Wegleiter in Windisch-Matrei. Die Forstmeister Sechert in Eisenberg a. d. March, Kuntschner in Mährisch-Trübau. Oberförster Steiskal in Hrocinkau. Die Förster Janaczek in Neumühl, Steiskal in Klein-Karlowitz, Tinge in Prostiowiczek, Sedlaczek in Wetzow, Hladik in Snowidek, Schwetz in Gersdorf. Official Müller in Innsbruck. Oberforstmeister Rayl in Salzburg. Forstmeister Scheiber daselbst. Pitasch in Wien. Forstinspector Unterhuber in Troppau. Die Förster Schmidt in Königlosen, Perwolf in Häusel, Kuntschner in Brünnles, Fischer in Pürglitz. Hofjagdleiter Fuchs. Oberförster Ginther in Mondsee, Forstassistent Partoschowsky in Lemberg. Oberförster Czapek in Plöckenstein. Förster Ferschmann in Lünz-Lust, Pawlik in Dittersdorf.

In dem Personalstande der forstlichen Lehranstalten sind folgende Veränderungen vorgekommen:

Forstacademie Eberswalde.

Professor Dr. Brefeld ist einem Rufe nach Münster gefolgt und an seine Stelle Professor Dr. Luerssen getreten. Forstmeister Hellwig hat sich in die Verwaltung zurückversetzen lassen, für ihn ist Forstassessor v. Alten bis auf Weiteres mit den Geschäften eines Dirigenten der forstlichen Abtheilung des Versuchswesens und eines dritten forstlichen Lehrers beauftragt.

Forstacademie Münden.

Professor Schering ist ausgeschieden und hat die Verwaltung der Oberförsterei Neu-Sternberg übernommen. Forstmeister Mühlhausen ist als Forstmeister mit dem Range der Regierungsräthe nach Cassel versetzt. An die Stelle beider Herren sind Oberförster Kalk und Dr. Kirchner getreten, dieser übernimmt die Vorträge über reine Mathematik und Physik, jener die über Geodäsie, Holzmeßkunde, Forsteintheilung und Wegebau. (F. Bl. pag. 343.)

Universität München.

Oberförster Dr. Weber ist zum o. ö. Professor ernannt und ihm der Vertrag über Waldertragsregelung, forstl. Vermessungskunde und Waldwegebau übertragen. Professor Dr. v. Baur hat Waldwerthberechnung und Statik definitiv übernommen. Für Forstpolizei, Forstverwaltung, Staatsforstwirthschaftslehre, Forstgeschichte, ist Professor Dr. Lehr von Karlsruhe berufen.

Forstacademie Tharand.

Professor Richter ist gestorben (Th. J. pag. 161) für ihn Prof. Lehmann bisher in Ungar. Altenburg berufen.

Hochschule für Bodencultur in Wien.

Die bisherigen a. o. Professoren Henschel und von Liebenberg sind zu ordentlichen öffentlichen Professoren ernannt. Professor Dr. Fuchs ist in den Ruhestand getreten.

2. Witterungsbericht.

Wo blieb der Winter? Die alten Leute, die ja in Wettersachen immer gefragt werden, ob sie sich dieser oder jener Erscheinung als einer schon dagewesenen entsinnen können, hatten dieses Mal wirklich Mühe ein ähnliches Jahr zu nennen mit fortdauerndem Frühlingswetter durch Januar, Februar und März. Der erste April fand die Vegetation sehr weit vorgeschritten, soweit, daß jeder sich auf noch kommende Frostschäden gefaßt machen mußte. Sie sind denn auch nicht ausgeblieben. Der 9. April brachte den Witterungsumschlag und mit ihm eine fast ununterbrochene lange Periode eines fast vollständigen Stillstandes in der Vegetation. Aus den Aufzeichnungen der meteorologischen Stationen entnehmen wir, daß Nachtfröste vielfach eintraten. Auch im Mai wollte die Kälte nicht weichen, immer wieder behauptete sie ihr Recht. Der Mai characterisirt sich ferner durch lebhafte Wärme-Schwankungen, die Zahl der Sommertage ist ungewöhnlich hoch, aber auch die der Frosttage. Fast wunderbar erscheint es unter diesen Verhältnissen, daß im Allgemeinen die Baumblüthe guten Verlauf nehmen konnte und daß fast alle Holzarten Früchte ansetzten. Die vielen in die Vegetationszeit hineinfallenden Fröste sind aber namentlich in Norddeutschland nicht spurlos an den Culturen vorübergegangen. So hören wir, daß in Folge der Aprilfröste die Nadeln der Kiefern bis herauf zu denen 15jähriger Pflanzen erfroren. Die Maifröste beschädigten das Laubholz heftig. Das betroffene Gebiet umfaßt auch Schlesien und einen großen Theil von Oesterreich. Der Sommer zeichnete sich durch Beständigkeit der Witterung aus. Kürzere Perioden kühlen nassen Wetters wechselten mit längeren, von großer Wärme begleiteten ab. Und der Regen kam im Allgemeinen immer zu rechter Zeit. Auffallend ist die bedeutende Zahl und der Umfang der Hagelschäden. Fast sämmtliche Versicherungsgesellschaften müssen erheblich mehr zahlen, als sie eingenommen haben. Eine Hochfluth von Niederschlägen ist den Weichselgegenden gefährlich geworden und hat streckenweise bedeutende Verheerungen angerichtet. Im Ganzen genommen aber können wir doch mit dem Jahre zufrieden sein. Keine Frucht ist mißrathen, die Ernte wurde seit etlichen Jahren zum ersten Male wieder rasch und ohne Verluste eingebracht; die Qualität erwies sich meist über die Erwartungen hinausgehend.

An Gewitterstürmen hat es nicht gefehlt, sie traten namentlich im Juli heftig auf und wenn sie auch local empfindliche Schäden brachten, so ist doch im Ganzen die Menge des Bruchholzes nicht groß.

Der Herbst war verhältnißmäßig trocken, so daß der Wasserstand unserer Flüsse ein niedriger wurde und die Schifffahrt vielfach darunter litt. Der Winter stellte sich früh ein, schon in den letzten Tagen des November meldeten fast alle deutschen Stationen Frostwetter. Dem December gelang es jedoch ihn wieder in die Flucht zu schlagen. Unter dem Einfluß sehr heftiger dabei warmer Winde schmolz die Schneedecke selbst in verhältnißmäßig hohen Lagen und wurde dadurch mit einem Schlage der Wasserstand der Ströme wieder auf Mittelhöhe gebracht. Das Jahr schloß in Deutschland mit fast normalen Wetterverhältnissen.

3. Aus Wirthschaft und Wissenschaft.

a) Waldbau[1]).

v. Alemann, Oberförster, Ueber Forstculturwesen. 3. Aufl. Leipzig, Baensch.

Dr. Gayer, Prof., Die neue Wirthschaftseinrichtung in den Staatswaldungen des Spessart. München, Bieger.

Wagener, Forstmeister, Der Waldbau und seine Fortbildung. Stuttgart, Cotta.

Ney, Oberförster, Die Lehre vom Waldbau für Anfänger in der Praxis. Berlin, Parey.

Kaysing, Der Kastanienniederwald (Vortrag, gehalten bei der Vers. deutscher Forstmänner zu Straßburg). Berlin, Springer.

von Binzer, Forstmeister, Holzpflanzenkalender für Forstmänner. Leipzig, Voigt.

Krahe, Bürgermeister, Lehrbuch der rationellen Korbweidencultur. 3. Aufl. Aachen, Barth.

v. Seckendorff, Verbauung ꝛc. v. Heimburg, Beforstung ꝛc. unter b.

Auch für dieses Jahr können wir eine Reihe von Mittheilungen bringen, aus denen hervorgeht, welche Aufmerksamkeit dem Kultur-

[1]) Die Literaturnachweise schließen sich an den Jahrgang IX an. Die encyclopädischen Werke sind ausgesprochenem Wunsche gemäß nicht mehr beim Unterrichtswesen, sondern unter dem Abschnitt: Literatur gegeben. Außer den selbstständigen Werken sind auch einzelne größere in Zeitschriften veröffentlichte Arbeiten genannt, wenn ihr Inhalt im Text zu wenig berücksichtigt werden konnte.

betriebe aller Orten gewidmet wird. Immer wieder von Neuem werden Versuche angestellt über die zweckmäßigste Gewinnung und Aufbewahrung von Sämereien, über die besten Methoden der Pflanzenerziehung, über den Erfolg von Saat und Pflanzung einerseits und den einzelnen Verfahren andererseits. Die aus dem Vorjahre überkommene Streitfrage über die Pflanzung einjähriger Kiefern ist weiterbesprochen, indessen noch nicht zum Abschluß gebracht. Im Mecklenb. Forst gab der Referent seiner Ueberzeugung dahin Ausdruck, daß die Pflanzung als eine billige und sichere Culturart ihr Feld behaupten wird. Er empfahl Pflanzung mit der Hacke, fand damit aber bei dem Korreferenten Widerspruch. Bezüglich der Klemmpflanzung stellte sich Oberforstmeister Peterson auf Seite v. Dücker's, während Garthe-Röversbhagen hervorhob, daß die Behauptungen v. Dücker's nicht erwiesen sein. Peterson spricht auch seine Ansicht in Da. Z. pag. 446 aus. Er ist gegen die Pflanzung, weil die Stämme eine zu starke Astentwickelung erhalten. Niemals werden Pflanzbestände im Stande sein, diese Beastung glatt abzustoßen und sich zu schaftreinen Stämmen zu erheben. Sie werden in ihrem späteren Alter, wenn sie dasselbe überhaupt erreichen, durchweg das Bild der auf Saatflächen versehentlich und zufällig stehen gebliebenen Vorwuchskusseln und Kollerbüsche zeigen, die auch mit einwachsen, aber selbst im stärksten Seitendrucke ihren sperrigen Habitus nicht verlieren. Die Erzielung eines möglichst hohen Nutzholzprocentes aus unseren Beständen wird durch die einjährige Pflanzung nicht erreicht.

Dagegen theilt im schlesischen Forstverein Forstverwalter Arndt seine Erfahrungen dahin mit, daß in seinem Reviere die z. Z. 40 und mehr Jahre zählenden Pflanzungen in Wuchs und Schluß nichts zu wünschen übrig lassen. Auch von anderen Vereinsmitgliedern wurde zu Gunsten der Pflanzung gesprochen.

v. Dücker selbst hat in Da. Z. pag. 45 das Wort genommen, um den vielfach angegriffenen Standpunkt zu vertheidigen. Er hebt dabei hervor, daß die rückläufige Bewegung von der Pflanzung zu den mehr natürlichen Verjüngungsweisen sich in der ganzen forstlichen Welt zu deutlich bemerkbar macht, um nicht zu hoffen, daß seine Mahnung in wenigen Jahren besser gewürdigt werde, als es jetzt der Fall zu sein scheint.

Eine Streitfrage älteren Datums ist das Kapitel der Düngung mit Rasenasche. Vielfach ist man ganz von ihr zurückgekommen, an anderen Orten ist sie seit langen Jahren erfolgreich angewendet.

Dr. Heß-Gießen theilt (v. S. C. pag. 409) Versuche über diese Düngung mit. Die Wirkung zeigte sich wiederholt am günstigsten bei der Fichte und zwar genügt für ein Saatbeet von 5 qm Fläche ein Quantum von 1—1,25 hl. Die Kosten pro hl Rasenasche stellten sich auf 77 Pf. In allgemeinen Zügen handelt Fürst-Aschaffenburg in der Oe. F. 50 ff. die Düngung der Forstgärten ab.

Obf. Bötzel macht (F. Bl. pag. 377) aufmerksam auf die Wichtigkeit des Wechsels mit den Holzarten im Kampbetrieb. Die Reihenfolge, welche einzuhalten ist, richtet sich nach der Zusammensetzung des Bodens. Diese muß durch Analyse festgestellt werden. Fehlt dem Boden der eine oder andere für die betr. Pflanze nothwendige Bestandtheil, so kann er ihm als Dünger zugeführt werden.

Die Methoden, Bucheln zu überwintern, sind durch eine neue bereichert worden. Obf. Ohrt giebt darüber (Da. Z. pag. 653) Folgendes: Die Bucheln sind durch flaches Ausbreiten in überdecktem, mäßig zugfreien Raume lufttrocken zu machen. Dann kommen sie ins Winterlager, dieses liegt an einer trocknen Bodenstelle, womöglich im Nadelholzbestande. Hier wird eine runde Fläche mit Graben umgeben und durch Erdaufwurf um 15 cm erhöht, darauf kommt 15 cm Roggenstroh, das mit einem 10 cm hohen, fest eingebundenen Rand eingefaßt wird. In den so begrenzten Raum werden 10 cm hoch Bucheln geschüttet; es folgt dann eine 10 cm hohe Strohlage mit etwas mehr zusammengezogenem Rande und darauf wieder Bucheln. Schicht um Schicht wechselt so, bis das Ganze in Gestalt eines Bienenkorbes abschließt. Dieser erhält noch eine Erdschicht von 25 cm Stärke, durch die Drainröhren zur Herstellung der Luftcirculation gesteckt werden. Wenn der Erdmantel im Winter gut durchgefroren ist, wird derselbe mit einer starken Lage von Laub und Moos gedeckt, damit darunter der Frost sich möglichst lange halten kann. Das Verfahren ist seit 30 Jahren angewendet und als gut befunden.

Fm. Reuß jr. veröffentlicht (v. S. C. pag. 65 u. 175) Versuchsresultate über Fichtensamen. Darnach ist die Keimkraft des

Samens nach dem 3. Jahre auf ein solches Minimum gesunken, daß die Verwendung unthunlich erscheint. Zapfen, die im November gebrochen wurden, lieferten den besten Samen. Die Qualität läßt sich nach Form, Farbe und Gewicht insofern beurtheilen, als dunklere und gleichmäßigere Färbung, länglich schlanke, nicht dickbauchige Gestalt, endlich höheres Gewicht den keimfähigeren, beziehungsweise von älteren Mutterbäumen stammenden Samen kennzeichnet. Die Pflänzlinge aus Samen der mittleren und älteren Stammklassen sind die kräftigsten.

In Württemberg sucht man sich Sicherheit für Lieferung guten Samens dadurch zu verschaffen, daß man die Lieferung für sämmtliche Staatsreviere gemeinschaftlich durch Vermittelung der Forstdirection erfolgen läßt. In neuerer Zeit geschah es im Wege der Submission, wobei die Lieferanten einen Gebrauchswerth des Samens garantiren mußten. Diesen Gebrauchswerth setzt die Kgl. Samenprüfungs-Anstalt Hohenheim endgültig fest und nach dem Resultate bemißt sich der zu zahlende Preis. Bemerkenswerth ist es, daß bei höherem Gebrauchswerth als dem ausgemachten eine Prämie bis zu 5 pCt. des Lieferungspreises gezahlt wird. (v. B. C. Bl. pag. 314.)

Möller-Wien hat Versuche mit dem Levret'schen Verfahren Eichen zu erziehen gemacht, sieht aber keinen Vortheil von der Steinlage auf die Wurzelbildung (v. S. C. pag. 572).

Die Versammlung deutscher Forstmänner besprach in Frankfurt a. M. das Thema: auf welchem Standpunkte befindet sich dermalen die Frage der natürlichen Verjüngung? Sowohl der Referent (Lorey) wie der Korreferent (Urich) bemühten sich eine erschöpfende Antwort zu geben und soweit es möglich war, gaben sie dieselbe auch.

L. hob hervor, daß die künstliche Bestandsbegründung wegen der ihr eigenthümlichen Vortheile sich ein weites Gebiet erobert hat, daß aber in der neuesten Zeit eine starke Gegenströmung sich geltend macht. Ob natürliche oder künstliche Verjüngung zu wählen sei, hängt von Holzart, Standort und financiellem Effect ab. Die künstliche wird bei den Lichtholzarten mehr geübt, bei den Schattenhölzern hat die natürliche das Uebergewicht. Unbestritten ist u.

A. die Zweckmäßigkeit derselben bei der Tanne und Buche, sehr getheilt sind dagegen die Ansichten bezüglich der Fichte, ebenso wie hinsichtlich der Kiefer und Eiche. Diese Zersplitterung der Meinungen giebt sich auch in der Literatur kund. L. wünscht die Frage, was zu wählen sei, nach den jeweilig vorliegenden örtlichen Verhältnissen zu entscheiden. Urich gab namentlich eine Uebersicht darüber, wie es bei den einzelnen Holzarten in den verschiedenen Gebieten Deutschlands geübt wird. Bei der Debatte wurden diese Mittheilungen bestätigt und ergänzt. Die von den einzelnen Rednern dabei ausgesprochenen Ansichten variirten sehr. Das Thema war aber viel zu umfassend, um bei der knapp bemessenen Zeit noch eine fruchtbringende Debatte über bestimmte Kernpunkte zuzulassen und so mußte denn der Vorsitzende das Ergebniß der Besprechung dahin zusammenfassen, daß eine generelle Lösung der Frage nicht möglich ist. Weder die künstliche noch die natürliche Verjüngung wird ausschließend vertreten; combinirte Verfahren sind nach wie vor anzuwenden. Man möge das eine thun ohne das andere zu lassen.

Auch im schweizerischen F. V. hat man sich mit der natürlichen Verjüngung beschäftigt. Aus den Verhandlungen ist ersichtlich, daß sie in den Kreisen der Forstleute viele Freunde hat; in anderen ist das freilich nicht in gleichem Maße der Fall, wie wir durch Landolt (Schw. Z. pag. 212) erfahren. Er hofft jedoch, daß sich das bald ändern werde. Der Hauptgrund, sagt er, für die Begünstigung des Kahlschlagbetriebes liegt in der Einfachheit der Cultur und dem Glauben der Besitzer, daß mit der Auspflanzung der Blößen Alles geschehen sei. L. macht aber darauf aufmerksam, daß derjenige, welcher gute in der Zwischen- und Hauptnutzung volle Erträge liefernde Bestände erzielen will, die Säuberung und Ergänzung der Jungwüchse nicht versäumen darf, sondern denselben eben so viel Fleiß und Aufmerksamkeit zuwenden muß, wie deren Gründung. Er geht dann die einzelnen Maßregeln durch, nämlich die Nachbesserungen der Schläge, den Schutz gegen Unkraut, gegen Stock- und Wurzelausschläge, die Fortnahme von Mißbildungen. In einem anderen Aufsatze bespricht Landolt (Schw. Z. pag. 10) den schlagweisen und den Plenterbetrieb. Er faßt die Thatsache ins Auge, daß überall, wo man seit dem 14. bis gegen die Mitte unseres Jahrhunderts Behandlung und Benutzung der Waldungen heben wollte, die Plenterung durch den schlagweisen Betrieb verdrängt ist. Die Bestrebungen, den Betrieb möglichst übersichtlich zu gestalten, die Berechnung des Ertrages und die Kontrollirung der Holzbezüge zu erleichtern, Fällung und Transport wohlfeiler zu machen und den Zuwachs zu steigern, sind als Hauptgründe für die Einführung des schlagweisen Betriebes zu betrachten. Heut hofft man vom Plenterbetriebe, daß er den Boden besser schützt, daß die Gefahren verringert werden und der Lichtungszuwachs ausgenützt wird. Welche von beiden Betriebsarten — abgesehen von den unbestrittenen Plenterlagen — als beste zu wählen ist, kann zur Zeit oft noch nicht genügend beantwortet werden. Man möge deshalb da, wo die Plenterung geboten ist, schonend plentern, da jedoch, wo mit dem schlagweisen Betrieb keine Uebelstände verbunden sind, auch Versuche mit Einführung dieses Betriebes machen.

Fm. Johnen sagt Oe. F. 25, daß der Lückenhieb zur Begründung gemischter Bestände zwar für ausgedehnte Gebirgsforste mit entsprechenden Bodenverhältnissen alle Würdigung verdient, daß man aber in vielen Fällen das Ziel auf einfachere und vielleicht auch sicherere Weise durch Führung schmaler Schläge oder durch Ueberhalt erreicht. J. beweist dann durch ein Beispiel, daß die natürliche Verjüngung nicht — wie viele meinen — kostenlos gegeben wird.

Ueber horstweise Verjüngung in den schlesischen Beskiden erfahren wir Näheres von Dr. Cieslar (v. S. C. pag. 227). Das Klima dort ist sehr rauh. Die alten Bestände enthalten eine Mischung von Fichte, Tanne, Buche, die aus Plenterwald hervorgegangen ist, die jungen Orte sind meist reine Fichten, gleichviel ob sie noch aus Plenterverjüngung oder Saat und Pflanzung entstanden sind. Sie leiden von Schnee- und Windbruch. Jetzt sollen nun durch horstweise Verjüngung wieder gemischte Bestände erzogen werden, und zwar nicht nur aus gemischten, sondern auch aus reinen Fichtenbeständen. Hier weist der V. die Windbruchgefahr auffallender Weise zurück.

Die Hiebsführung mit Bestandsverjüngung in Fichtenwaldungen in Mischung mit Tannen, Buchen und Kiefern ist von Fm. Kadner

(Z. d. D. F.) pag. 361 behandelt im Anschluß an einzelne Typen der Standorts und Bestandsverhältnisse.

Ueber die Bewirthschaffung des Schutzwaldes am Rennstieg brachten wir im vorigen Hefte pag. 25 eine Notiz. Eine Erwiderung auf die Darlegungen Rauschs bringt Oberforstmeister v. Wangenheim. Er hält die jetzt getroffenen Anordnungen für zu weitgehend, entbehrlich und zwecklos, vertheidigt die alten Wirthschaftsgrundsätze als richtige, namentlich wegen der früher vorhandenen Belastung des Waldes mit Holzabgaben und Servituten (Da. pag. 440).

Häufig ist der Gang des Hiebes und die Wirthschaft in den Buchenschlägen besprochen. Ueberall geht die Absicht dahin, gemischte Bestände zu erziehen, namentlich solche, aus denen unsere Nachkommen einmal möglichst viel Nutzholz entnehmen können. Im nordwestdeutschen Forst-Verein empfahl Forstmeister Deckert namentlich die Eiche und zwar auf wahrem Eichenboden gleichzeitige Beimischung, auf eigentlichem Buchenboden Voranbau. Im mecklenburgischen und im pommerschen Forst-Verein wurde die Beigabe von Eiche, Esche und Ahorn empfohlen, in bescheidenem Maße ist auch Aspe zugelassen, für vorübergehende Mischungen Birke, Kiefer, Lärche, unter gewissen Bedingungen auch die Weißtanne und in letzter Linie die Fichte. Die Beigabe von Ausländern hat in Pommern keine Freunde gefunden.

Im Württemb. Forst-Verein erhielt die Buchenwirthschaft auf der Alb aus financiellen Rücksichten keine günstige Schilderung. Der Referent, Forstrath Holland, berechnete den Minderbetrag der Buche gegen Nadelholz bei der vorhandenen Fläche auf über eine Million Mark jährlich. Die Möglichkeit einer Besserung in den Verhältnissen nicht ausschließend, faßte er die Antwort auf die Umwandlungsfrage so: Der Anbau aus der Hand, bei dem es im Großen meist auf das Nadelholz hinauskommen wird, soll überall da eintreten, wo die natürliche Laubholzverjüngung nicht möglich, oder wo dieselbe nur mangelhaft zu erwarten oder wo sie unsicher ist und sich ins Ungewisse hinausziehen würde. Wo hingegen die edeln Laubhölzer mit dem soliden Grunde der Rothbuche freudig gedeihen und sich zweifellos und gut verjüngen werden, soll es beim Laubholz verbleiben (Da. Z. pag. 513). Bei der anschließenden Debatte schwankte das Zünglein der Waage bald zu Gunsten des Nadelholzes, bald zu denen des Laubholzes. Eins ging aber auch hier deutlich hervor, daß Niemand mehr auf radikal feindlichem Standpunkte der Buche gegenübersteht und selbst solchen gewagten Aeußerungen, daß man aus einem Hektar Buchenwald Möbel für die ganze Welt machen könne, folgt keine unbedingte Empfehlung des Nadelholzes.

Aus der großen Reihe der Bestands- und Wirthschaftsbilder, die uns außerdem vorgeführt werden, möchten wir folgende hervorheben: Um Hohenheim sind vor ca. 40 Jahren Kulturen ausgeführt, bei denen man durch Reihenpflanzungen gemischte Beständе erziehen wollte. Forstmeister Keller macht uns (v. B. C. pag. 337) mit einigen Resultaten bekannt und spricht auf Grund der vorgenommenen Zählungen und Messungen, folgende Sätze aus: die reihenweise Mischung hat sich nicht empfohlen. Die Fichte ist horstweise zu stellen. Die Kiefer hat in Einzelmischung große Widerstandsfähigkeit gezeigt. Die Lärche ist nur auf Orten beizugeben, wo sie erfahrungsmäßig auf die Dauer gut wächst. Enge Pflanzung in den Reihen erzeugt bei Fichte excentrischen Wuchs und ästige Stämme, die Fichtensaatbestände stehen mit dem vierzigsten Jahre beträchtlich hinter den Pflanzungen zurück.

Forstverwalter Hampel theilt uns Wachsthums-Ergebnisse eines Bestandes von Fichte und Weißerle mit und versucht neben dem waldbaulichen auch den financiellen Vortheil der Anlage zu beweisen. (v. S. C. pag. 188).

Eduard Heyer bringt einen Beitrag zum reinen und gemischten Eichenniederwald und Hochwald mit besonderer Rücksicht auf Würdigung und Behandlung kümmernder Eichen. Aus allem, was H. uns dabei schildert, geht hervor, daß es sich auf guten Eichen-Standort bezieht. Auf solchem mag man recht wohl einmal an der Aufpäppelung von verbutteten Eichen Freude erleben, und die aufgewendete Zeit und Mühe belohnt finden. Großer Werth wird auf die Regenerirung der Bestände durch tiefen Abhieb und selbstständige Bewurzelung der Stocklohden gelegt.

Durch Forstmeister v. Binzer erfahren wir, daß in Posen der Bauer in betreff seiner Holzungen conservativ ist, zumal dort, wo der

Boden von geringerer Qualität ist und also nicht dazu verlockt, den Wald in Ackerland umzuwandeln; conservativ ist er jedoch nur deshalb, weil der Wald ihm die Streu zu liefern hat. Die ganze Feldwirthschaft ist so eingerichtet, daß sie die Waldstreu nicht entbehren kann. Trotzdem wird der Wald nicht devastirt. v. B. sagt, daß dort, wo auch nur ein mittlerer Schluß hergestellt war, selbst die von Jugend auf ausgeharkten Bestände nicht erheblich, ja bei einigermaßen guter Bodenqualität kaum merklich schlechter waren, als benachbarte unberechte auf gleichem Boden. v. B. redet deshalb einer mäßigen Streunutzung das Wort (v. B. C. pag. 368).

Ueber die Anzucht und Pflege der Kiefernbestände in der Rhein- und Main-Ebene berichtet Oberforstrath Wilbrand (Allg. F. u. J. pag. 1), daß man mit der natürlichen Verjüngung wenig geleistet hat. Auch mit den Erfolgen einer Vollsaat nach Kahlschlag war man, wie das leicht erklärlich ist, wenig zufrieden. Platten- und Streifensaaten auf ungebautem Boden genügten ebenfalls nicht und so versuchte man es endlich mit landwirthschaftlichem Vorbau. Die Erfahrung lehrte jedoch bald, daß dieser auf armen Boden auch nicht rathsam sei und so unterblieb er für diesen, für den besseren behielt man ihn bei. Ob das eine oder das andere zu geschehen hat, läßt sich im Allgemeinen nach den Bodenkräutern beurtheilen: Wo reichlicher Graswuchs auftritt, greift man zum Waldfeldbau, wo der Unkrautwuchs spärlich ist, zur Streifenrodung. Die Verpflanzung zweijähriger ballenloser Kiefern hat sich nicht bewährt, wohl aber die einjähriger. Die Bestände sollen mit Buchen unterbaut werden, erst dann ist eine sorgsame Kiefernutzholzwirthschaft möglich. Lichtungshiebe sind bis zum 70. Bestandsjahre zu führen. Der Oberbaum wird aus den isolirt gestellten frohwüchsigsten und schönsten Bäumen gebildet.

Ueber den Waldfeldbetrieb in Ochsenhausen (Württbg.) erfahren wir, daß der Fruchtbau 2 Jahre währt. Die zweite Frucht ist stets eine Halmfrucht und mit dieser erfolgt die Aussaat von 25 kg Fichtensamen. Im 3. Jahre wird Gras mit der Sense genutzt, von 4—9 Schafweide ausgeübt. Der Einnahme-Ueberschuß wird auf so behandelten Flächen zu 268,4 Mk. angegeben. Dazu kommen später noch erheblich höhere Durchforstungserträge als bei der Pflanzung zu erzielen sind. (Allg. F. u. J. pag. 341.)

Nach Aeußerungen von Guse-Oppeln (Allg. F. u. J. pag. 147) wird die Lärche in Schlesien außerordentllich hoch geschätzt und demnächst wohl viel angebaut werden. Man hofft auf ebenso gute Erfolge, wie sie die Periode des ersten Anbaues lieferte. Möge in Schlesien die Enttäuschung fern bleiben. Zweifellos wird man die Möglichkeit einer solchen bei dem Anbau und der Behandlung der Bestände im Auge behalten.

Im galizischen Forst-Verein rieth man zum Lärchenanbau nur auf Standorten, wo Fichte, Kiefer, Tanne geringes Nutzholz liefern und auch dort nur in gemischtem Bestande. (Oe. F. 43.)

In Sachen der Naturalisation ausländischer Waldbäume antwortet Booth-Flottbeck auf einen früheren Artikel von Nördlinger (Wiener Centr. Decbr. 1882, Chronik v. 1882 pag. 18). Er gesteht, seit langer Zeit nicht mit solcher Befriedigung etwas über diese Frage gelesen zu haben. Dennoch ist der jetzige Artikel als Antikritik bezeichnet und gehalten. (Da. Z. pag. 264.)

Ueber den Effect der Anbau-Versuche in den Preußischen Staatsforsten liegen uns zwei ausführliche Berichte vor, der eine ist im Ministerium zur Information des Landtages ausgearbeitet, der andere auf der Hauptstation des Versuchswesens von Dr. Danckelmann. (Da. Z. pag. 289 u. 345.) Im Ganzen ist das Bild, was wir daraus gewinnen, kein sehr ermuthigendes. Die Erziehungskosten des Pflanzenmaterials betrugen für 1000 Stück Jährlinge incl. Ausheben und Abzählen bei A. Douglasii 6 Mk., Pinus rigida 2,5 Mk., Carya alba 40 Mk., Juglans nigra 60 M., Pinus ponderosa 6 Mk., Pinus Jeffreyi 35 Mk., Pinus Laricio corsicana 1,6 Mk., Picea sitchensis 6,5 Mk., Cupressus Lawsoniana 6 Mk., Thuja Menziesii 20 Mk., Acer californicum 6 Mk., Betula lenta 2,5 Mk., Carya amara 50 Mk., Carya porcina 32 Mk., Carya tomentosa 31 Mk., Carya sulcata 70 Mk., Quercus rubra 5,8 Mk.

Beide Berichte geben übrigens auf Grund der gemachten Erfahrungen eine Menge von Winken für die zukünftige Behandlung der Versuche und ist danach der Arbeitsplan entsprechend geändert. Die Anbauversuche sollen demnächst auch auf japanische Holzarten ausgedehnt werden. Der Verein forstliicher Versuchs-Anstalten hat folgende ausgewählt: Pinus Massoniana, Abies Tsuga, Larix leptolepis, Chamaecyparis obtusa und pisifera, Planera japonica.

Dr. Weber-München hat neuerdings die Anlagen in Kl.-Flottbeck und Umgegend besucht und namentlich aus einem ca. 30 ha großen Mischbestande von Kiefern, Fichten, Eichen, Weymouthskiefern, Douglastannen die Ueberzeugung gewonnen, daß diese letzte Holzart den Anbau lohnt.

Forstmeister Urich giebt uns (v. B. C. pag. 91) den Inhalt seines Correferats, welches er s. Z. in Straßburg bezüglich des Anbau- und Gebrauchswerths der Weymouthskiefer erstatten wollte. Auch er lobt sie hinsichtlich ihrer waldbaulichen Eigenschaften, ihrer großen Massenerzeugung. Weniger positiv ist das, was U. über die Verwerthung sagt. U. a. nämlich: Im Ganzen neigt man der Ansicht zu, daß das gesammte Durchforstungsmaterial incl. Nutzstangenholz, namentlich aber das Brennholz, als solches geringen Werth habe und daß erst das stärkere zu Schnittholz taugliche Stammholz vielfach verwendbar und auch gesucht sei. Hierbei weiß er eine ganze Reihe von Verwendungen zu nennen. Auch aus seinen Mittheilungen leuchtet die außerordentlich verschiedene Beurtheilung der Brauchbarkeit hervor, die auch das Referat in den Vordergrund stellte.

Zu Gunsten der Akazie ist Oe. F. 41 ein Wort eingelegt. Sie wird als Baum der Niederung, als ein solcher für Mittel- und Niederwald angesprochen. Bei Bepflanzung von Blößen an sehr steilen Sommerlehnen leistet sie soviel, wie nur irgend eine andere Holzart. Daß sie andrerseits durch Spätfröste leidet, vom Sturm gebrochen und stark vom Wild angenommen wird, giebt V. zu. Auch in No. 45 d. Oe. F. wird auf sie behufs Erziehung von Rebpfählen hingewiesen. Mittheilung über Pflanzenzucht macht Fürst (Oe. F. 48).

Ueber Korbweidenzucht hat namentlich der auf diesem Gebiete unermüdliche Bürgermeister Krahe zu Prummern geschrieben. Er ist der Ansicht, daß man die Anlagen noch sehr bedeutend erweitern könne, ohne eine Ueberproduction herbeizuführen. Sicherheit dafür gewährt ihm die Angabe der Statistik, nach der die Einfuhr von Korbweiden die Ausfuhr noch um 22000 Centner jährlich übersteigt. Indessen ist doch zu beachten, daß Oesterreich in den letzten Jahren große Anstrengungen gemacht hat, um nicht nur seinen Bedarf in Zukunft allein zu decken, sondern auch als Concurrent für die Ausfuhr nach Osten aufzutreten. Es kommt ferner in Betracht, daß die Weidenanlagen in Deutschland fort und fort zunehmen, so daß wir vielleicht doch eher, als man nach obiger Zahl denken sollte, die Grenze des richtigen Productionsmaßes erreichen. Um von den österreichischen Bestrebungen nur Eins anzuführen, so erfahren wir (v. S. C. pag. 454), daß die zur Weidencultur geeigneten Bahngründe dazu überlassen werden. Am weitesten vorgeschritten ist der Anbau längs der Kaiser Ferdinands-Nordbahn. Die Heger werden dort rationell bewirthschaftet und ist zudem die Einrichtung getroffen, daß die längs der Bahn wohnenden Wächterfamilien in der Korbflechterei unterrichtet werden.

Ueber die Behandlung der Heger giebt Krahe folgende Grundsätze (Z. d. d. F. pag. 447): Es darf nie auf dem Stocke geschält werden, denn die Kraft des Stockes wird dadurch ruinirt und das Material selbst in seinem Werth verringert. Je früher man die Schälweiden nach eingetretener Reife vom 1. November ab erntet, desto besser für die Anlage und desto besser und früher schälen sich die Weiden, wenn man sie sofort ins Wasser stellt. Schälweiden dürfen nur bis zu 15 cm im Wasser stehen, sonst geht unten die Rinde nicht. Je rascher die Weiden nach dem Schälen trocknen, desto weißer bleiben sie.

Aus einem Vortrage desselben Herrn entnehmen wir, daß die Bestockung der Anlagen nach 10—15 Jahren erneuert werden muß und daß die Erträge schon im dritten Jahre das Maximum erreichen, um von da ab stetig zu fallen. Krahe hat auch Versuche über die Wirkung von Düngung der Weidenheger angeregt. In einem Circular, was wir in den F. Bl. pag. 239 abgedruckt finden, giebt er bestimmte Anweisung über die Art der Versuche und einen Fragebogen, aus dessen Beantwortung die Resultate hergeleitet werden sollen.

Auch ein andrer bekannter Weidenzüchter Schultze-Meßdunk hat uns seine Erfahrungen mitgetheilt. Sie sind enthalten in mehreren Artikeln der Oesterreichischen Forstzeitung. Eine Reihe von Abbildungen erläutert den Text.

Die Lehre von den Durchforstungen und Lichtungshieben hat anläßlich des Kraft'schen Buches (Chronik IX pag. 17. i.) eine Reihe von Besprechungen erfahren, unabhängig davon liegt uns aber auch eine bedeutende Zahl von theoretischen Erörterungen und Resultaten praktischer Versuche vor. Halten wir zuerst bei den Durchforstungen Umschau, so wollen wir an die Spitze die Veröffentlichungen Kunze's im Tharander Jahrbuche stellen.

Versuche für Buche in Olbernhau schließt er dahin ab, daß die starke Durchforstung zwar einen regeren Zuwachs hatte, als die mäßige, daß aber auf dem Boden unter dem Einfluß des starken Lichteinfalls viel Moos sich einstellte. (Th. J. pag. 37, pag. 112 Anm.)

Eine mäßig durchforstete Kiefernfläche in Kunnersdorf, über die seit 1862 Buch geführt ist, brachte an Erträgen 1862 = 15,10 Fm, von 1863—1869 = 23,38 Fm, von 1870—74 = 28,16 Fm, von 1875—79 = 5,06 Fm, von 1880—83 = 12,49, in Sa. 84,19, abzüglich der ersten Durchforstung in 20 Jahren also 69,09 Fm. Sie ist jetzt 40jährig, der Ertrag wäre also der für die Altersstufe 20—40. (Th. J. B. pag. 111). Der Bestand würde nach meinen Ertragstafeln zwischen Bon. II und III fallen; auf rechnerischem Wege fand ich für dieses Alter einen Durchforstungsertrag von 71 Fm. bei II und 67 Fm. bei III Bon. Die starke Durchforstung entnahm für 20 Jahre ca. 97 Fm.

Auch für die Fichte bringt Kunze Resultate (das. pag. 137). Die vor 20 Jahren angelegten Flächen lieferten, wenn wir die erste Durchforstung fortlassen, für das Bestandsalter 22—42 bei dem Grade stark 14,5 Fm. Bruch und 42,9 aus regelrechtem Hiebe, bei dem Grade mäßig 15,3 Fm. Bruch und 40,9 aus regelrechtem Hiebe. Die stärkere Durchforstung ließ demnach keine größere Bruchgefahr erkennen, als die mäßige. Eine zweite Fläche, bei der Anlage 40-, jetzt 60jährig, lieferte bei starker Durchforstung 54,7 Fm Bruch und 80,3 aus regelrechtem Hiebe, bei mäßiger resp. 37,9 Fm 69,6 Die einleitende Durchforstung ist nicht einbegriffen. Der Bruch ist hier bei dem starken Grade heftiger gewesen. K. sagt: es rührt wahrscheinlich davon her, daß die betreffende Fläche gegen Süden weniger geschützt ist, als die andere.

Professor Dr. Lorey berichtet über einen Kiefernbestand von fast 5 ha Größe, der vom 18. Jahre ab fast alljährlich durchforstet ist. Er hat von seinem 18. bis 64. Lebensjahre 1144 Fm. ausgegeben und enthält an Masse jetzt 1350 Fm. Ein großer Theil ist mit Unterholz bestockt, das seinen Ursprung dem Einschleppen von Samen durch Vögel verdankt. Im Langgönser Gemeindewalde sind von 1855—1874 pro Jahr über 5 Fm. genutzt, davon 44% durch Vornutzung. (Allg. F. u. J. pag. 80.)

Die Wirkungen der Durchforstungen bespricht auch Fm. Baudisch. Die von ihm beobachteten Fichtenbestände liegen im Odergebirge, in ebener Lage ca. 350 m hoch. Der Boden ist aus Thonschiefer hervorgegangen und trägt trotz des nicht milden Klimas gutwüchsige Bestände. Die Durchforstungen erstreckten sich auf das vollkommen unterdrückte Holz; hierbei ergaben 7 Bestände, von denen der älteste 86, der jüngste 20 Jahre war, 105 Fm. Baudisch knüpft daran Betrachtungen, die den wesentlichen Werth der Durchforstung auf die Reinerträge klarstellen sollen (v. S. C. pag. 412).

Anknüpfend an die Kraft'sche Schrift spricht v. Fischbach-Sigmaringen ein Wort zur Weiterentwickelung der Lehre von den Durchforstungen und macht dabei aufmerksam, wie durch die Fortnahme der Stämme nicht nur die Kronen gewinnen, sondern auch vermöge der absterbenden und verwesenden Wurzeln eine Bodenlockerung und unterirdische Düngung vollzogen wird. Bei richtiger Durchforstung wird sich mit weniger aber gut und sachgemäß behandelten Individuen viel mehr Erfolg erreichen lassen, als mit gedrängt stehenden Beständen. (v. B. C. pag. 426.)

Nach Oberf. Schnittspahn sind die ersten Durchforstungen dann einzulegen, wenn sich ein auch für den Laien deutlich erkennbarer Hauptbestand von der übrigen Bestandsmasse losgetrennt hat. Dieser Zeitpunkt kann bei verschiedenen Beständen sehr verschieden eintreten. Zuerst muß jedenfalls schwach, später kann stärker durchforstet werden. (v. B. C. pag. 561.)

Zur Statik des Durchforstungsbetriebes bringt endlich v. Guttenberg (Oe. V. pag. 15) einen Beitrag. Die von Preßler und

Heyer aufgestellten Formeln gehen von der Voraussetzung aus, daß die Durchforstung selbst einen Ertrag abwirft, der größer ist, als die Werbungskosten. v. Guttenberg behandelt nun auch den Fall, in dem diese Kosten höher sind. Zu rechtfertigen ist die Durchforstung dann, wenn die Vortheile für den bleibenden Hauptbestand so groß sind, daß dadurch die Unkosten gedeckt werden. Diese Rechnung kann sich natürlich nur auf Wahrscheinlichkeiten stützen.

Wenden wir uns nun dem Lichtungszuwachse zu, so ist da zuerst des Wagener'schen Buches, der Waldbau und seine Fortbildung, zu gedenken. Wagener will reformiren und dabei dem Lichtstande zu möglichster Verbreitung verhelfen. Er glaubt festgestellt zu haben, daß die Wachsthumsleistung des Waldes dadurch in „staunenswerther" Weise gehoben wird und bezeichnet die Erziehung der Stämme im dichtem Kronenschluß als eine falsche Wirthschaftsmaßregel. Es wird sich zeigen, wie weit die Wagener'schen Rechnungsunterlagen eine Prüfung bestehen. Bereits im Jahre 1879 habe ich (Allg. F. u. J. pag. 355) darauf aufmerksam gemacht, daß Wagener in Folge seiner Voraussetzungen die Wachsthumsleistung zu hoch berechnet. Der Mittelstamm des auszuforstenden Bestandes ist nämlich nicht von gleicher Masse, wie der des stehenbleibenden; zwischen der Masse beider besteht vielmehr eine Differenz und deren Nichtbeachtung hat die Rechnungsergebnisse verschoben.

Ueber die Versuche, welche event. über den Lichtungszuwachs anzustellen sind, enthält Oe. V. pag. 199 eine Reihe von Vorschlägen, die an die Arbeiten von Wagener und Kraft anknüpfen, sodann des Homburgschen Ueberhaltbetriebes und des modificirten Buchenhochwaldes gedenken. Die Versuche sollen auf Oertlichkeiten I. u. II. Bonität beschränkt werden, da nur frische und kräftige Böden erfolgverheißend sind. Innerhalb dieser sind Eiche, Buche und deren Mischhölzer: Kiefern, Lärchen zu beobachten. Fichte und Tanne lassen die Wirkungen intensiver Belichtung weniger auffällig hervortreten (pag. 211), weil bei diesen schon kräftige Durchforstungen sehr bemerkbare Zuwachssteigerungen hervorrufen, auch handelt es sich bei ihnen weniger um Züchtung besonders starker Sortimente, als um lang und glattschäftige Hölzer.

Forstassessor Michaelis zu Münden hat von Neuem constatirt,

daß der Lichtungszuwachs in der Regel nicht mit dem Jahr der Freistellung beginnt, sondern meist erst mit dem dritten (F. Bl. pag. 286).

Zur Entscheidung der Streitfrage, ob gelichtete Bestände zu unterbauen sind oder nicht, ist mancherlei Material beigebracht.

Forstmeister Schott v. Schottenstein theilt (F. Bl. pag. 4) Untersuchungen mit, die für die Zuwachsstärkung des Hauptbestandes, Forstrath Zetzsche andere (F.-Bl. pag. 173), die gegen dieselbe sprechen.

Auf Veranlassung des Oberforstmeisters v. Varendorff sind in Golchen Zuwachs-Messungen an Eichen, die Fichtenunterstand hatten, gemacht. Sie ergaben, daß der Zuwachs schnell und dauernd sank, sobald die Fichten in Schluß kamen. v. V. begleitet die mitgetheilten Resultate mit einigen Bemerkungen, welche sie als natürlich erklären. Der Unterbau ist demnach einfach als ein Nahrungsconcurrent des Oberbaumes anzusehen (F. Bl. pag. 234).

Forstassessor König schließt (F. Bl. 195) Untersuchungen in der Oberförsterei Carzig dahin ab, daß der Unterstand nicht wuchsfördernd, sondern wuchsmindernd auf das Oberholz gewirkt hat. Ein weiterer Beitrag wird F. Bl. pag. 345 gegeben. Das Versuchsobject ist ein im Gahrenberger Revier belegener Eichenort, in dem 1865 das vorhandene Unterholz gehauen ist. Auf dem einen Theil der Fläche ist es wieder ausgeschlagen nnd emporgewachsen, auf dem anderen durch Wildverbiß so niedergehalten, daß es den Boden nicht wieder zu decken vermochte. Das 1866 fertig gestellte Wildgatter trennt den einen Theil vom anderen. Die unterwuchsfreie Fläche hat in den letzteu 10 — 12 Jahren nicht weniger und nicht mehr geleistet, als die mit Unterwuchs. Eine zweite Untersuchung ist in einem 110jährigen Eichenpflanzwald, der 1859 mit Weißtannen unterbaut ist, angestellt. Hier ist namentlich vom 6. — 12. Jahre eine erhebliche Zuwachssteigerung erfolgt. Dieselbe wird aber nicht als Wirkung des Unterbaues angesehen, sondern als eine solche der gleichzeitig erfolgten Hutschonung. Auf einer dritten Fläche, die vom Oberförster Fonck untersucht und im Revier Bischweiler gelegen ist, haben die Oberbäume von dem Augenblicke an, wo der Unterwuchs in Schluß trat, weniger geleistet als die, welche während des nämlichen Zeitraumes ohne mitzehrenden Unterstand geblieben waren. Auf einer vierten Fläche ist zwar der Zuwachs des Einzelstammes durch den Unterbau gehoben, aber die Zahl der Stämme ist so gering geworden, daß der Bestand ohne Unterbau mehr leistete. Borggreve schließt in einem Zusatze die Frage dahin ab, daß, abgesehen von seltenen Ausnahmen, der Unterbau den Oberstand keinenfalls im Wuchs fördert, ihm sogar schadet und niemals durch seinen eigenen Ertrag die Kosten seiner Herstellung mäßig verzinsen, geschweige denn den Schaden compensiren kann.

Forstmeister Runnebaum gab dagegen im Märkischen F.V. Zahlen, aus denen ersichtlich war, daß ein mit Buchen unterzogener Kiefernbestand in jeder Hinsicht höhere Erträge liefert, als solcher ohne Unterstand (Da. Z. pag. 460).

Forstmeister Urich kommt endlich bei Besprechung der Unterbaufrage zu folgenden hier abgekürzt gegebenen Wirthschaftsregeln: Besitzen die Bäume eines Lichtholzbestandes durchweg die Qualität von Nutzholz und soll zum Zweck der Starkholzerziehung eine Unterbauung stattfinden, so ist thunlichst dahin zu wirken, daß dermaleinst aus dem Unterholz nach Auszug der Oberständer ein gemischter an Nutzholz möglichst reichhaltiger Bestand hervorgeht. Ist dagegen die Bestockung in der Weise ungleich, daß hier Nutzholz-, hier Brennholz-Stämme stehen, so sind die Nutzholzhorste zu unterbauen, die Brennholzhorste aber umzuwandeln. Beides ist so zu bewirken, daß daraus ein nahezu gleichaltriger und damit zum schlagweisen Hochwaldsbetrieb geeigneter, gemischter Nutzholzbestand heranwächst. Bestände, die nur Brennholz geben, sind in der Regel nicht zu unterbauen. Da, wo es aber doch geschehen soll, ist das Unterholz nur als wirkliches Bodenschutzholz zu betrachten (B. C. pag. 472).

Die Aufforstung von öden Ländereien resp. solchen, die im landwirthschaftlichen Betriebe eine zu geringe Rente liefern, wird mit Eifer fortgesetzt.

Nicht unerhebliche Beachtung fanden dem gegenüber die im Preuß. Abgeordnetenhause stattgehabten Verhandlungen (F.-Bl. pag. 225) über eine Petition der Gemeinde Monzingen betreffend Widerspruch gegen Aufforstung. Die Petition wurde der Königlichen

Staatsregierung zur Berücksichtigung überwiesen, da sich die Mehrheit des Hauses bei den vorliegenden Zahlen des bedeutend höheren landwirthschaftlichen Ertrages trotz aller Waldfreundlichkeit nicht für die von den Behörden angeordneten Maßregeln ohne Weiteres erklären mochte und konnte. Aus einer anderen Mittheilung (F. Bl. pag. 41) entnehmen wir, daß die sogenannten Oedländereien am Rhein bisher die Weideflächen für einen ziemlich bedeutenden Schafstand gegeben haben. Die Aufforstung droht jetzt die wirthschaftlichen Verhältnisse der Eingesessenen zum Nachtheil total umzugestalten.

Im Krain-küstenländischen Forstverein nahm man eine Resolution an, die erklärt, daß die für die Karstaufforstung aufgewendeten Opfer nur durch ein Karstaufforstungsgesetz zum Ziele führen können. Die Vereinsleitung wird aufgefordert, an maßgebender Stelle für ein solches zu wirken.

In Böhmen wurden vom Landesculturrath, von mehreren Großgrundbesitzern und aus den subventionirten Baumschulen unentgeltlich $208^1/_2$ kg Sämereien und rot. $2^1/_2$ Million Pflanzen verabfolgt. (Oe. F. 10.)

Aus den Staatsforsten Preußens sind vom 1. April 1883 bis dahin 1884 an Privat- und Kommunalwaldungen ca. 44 Millionen Pflanzen zum Selbstkostenpreise abgegeben. Ausnahmsweise wird daselbst jetzt auch Privatpersonen eine Beihülfe zu Aufforstungen gewährt; doch muß die Sicherheit geboten sein, daß die Kulturen vorschriftsmäßig ausgeführt und die aufgeforsteten Grundstücke dauernd als solche gehalten und genutzt werden.

Die Ausscheidung der Schutzwälder in der Schweiz ist beendet.

Die Hochwasserschäden des Jahres 1882 beschäftigten noch häufig die forstlichen Kreise, namentlich die österreichischen. Im Kongreß stand das Thema auf der Tagesordnung: Wie haben sich Waldland einerseits, dann Weideland oder beraster Boden überhaupt und endlich Oedland während der Hochwasserkatastrophen im Jahre 1882 in Bezug auf den Wasserabfluß, die Bildung von Muhrbächen und Abrutschungen verhalten, wie haben sich ferner Quellen und Thalgebiete mit gut erhaltenem Waldstande gegenüber solchen ververhalten, in welchen der Waldzustand ein unzureichender oder durch schlechte Behandlung herabgekommener ist? Die Verhandlungen, die v. Guttenberg mit einem ausführlichen Referate einleitete, führten zu folgender Beantwortung: Die Bestockung mit Wald verhindert die Bildung von Wildbächen, die Entwaldung liefert den Boden dem Wildbache als Beute aus. Durch die Ausdehnung der Wälder werden die Wildbäche beseitigt. Das Verschwinden des Waldes verdoppelt die Heftigkeit der Wildbäche und kann dieselben sogar von Neuem hervorbringen. Die bloße Berasung des Bodens schützt denselben gegen die Einwirkung der Wasser nicht in dem Maße, wie der Wald, und verhindert das plötzliche Zusammenfließen des Regenwassers gar nicht, ist mithin als Correctiv für bereits gestörte Bodenverhältnisse nur dort anzuwenden, wo wegen der Höhenlage eine Waldvegetation nicht mehr zu erzielen ist, und innerhalb der Waldvegetationsgrenze nur da, wo es sich um rasche Bindung des bloßgelegten und gelockerten Bodens zur Vorbereitung für die nachfolgende Bewaldung handelt. Der Kongreß hielt es deshalb für nothwendig, daß in den Hochgebirgsländern auf Hebung des Waldstandes und Verbesserung der Wirthschaft hingewirkt werde, daß ferner für die Wildbachgebiete besondere Maßnahmen für den Bodenschutz getroffen werden und anderseits jede Bodengefährdung durch excessive Kahlschläge, Streu und Weidenutzung oder durch die Bringung des Holzes auf Erdriesen und muhrgefährlichen Bachgerinnen fern zu halten ist.

Auch Guzmann in Klausen erkennt (Oe. V. 179) unter Anführung von Specialfällen den guten Einfluß des Waldes an.

Daß der Schutz, den der Wald giebt, auch seine Grenzen hat, darin stimmen wohl mit wenigen Ausnahmen alle Forstleute überein. Wie Borggreve (F. Bl. pag. 243) sagt, kann der Schwamm, mit dem der Wald und seine Streudecke gern verglichen wird, nur so lange wirken, wie er noch aufnahmefähig ist. Hat er sich vollgesogen, so läuft neuer Zufluß an ihm vorbei oder durch ihn durch, gerade als wenn er nicht da wäre. Und daß 1882 die ungeheuere Masse des Niederschlages den Einfluß des Waldes brach, dafür sind schon im vorigen Jahre Beweise angeführt. Neue enthält die Oe. Viertelj. die Oe. F. 8 u. A. Deshalb ist aber doch der mit Wald bedeckte Boden weniger schwer betroffen, er besaß eben durch seine Streudecke und das Kronendach ein dickeres Fell und unter dem blieb der Boden intact.

Der Einfluß des Waldes auf die Bildung und den Verlauf der Hagelwetter und die specielle Frage, wieweit den Hagelschäden am Aegeri- und Zuger See durch neue Waldanlagen vorgebeugt werden kann, ist von Riniker schon 1883 im Schweizerischen Forst-Verein besprochen. Die Schw. Z. bringt pag. 102 das betreffende Referat.

Je mehr sich das Netz der Hochgebirgsbahnen erweitert, desto mehr macht sich der hohe Werth des Waldes auch für die Erhaltung und Sicherheit des Bahnbetriebes geltend, denn nur er ist bei rationeller Behandlung der natürlichste und jedenfalls billigste Schutz gegen die verderbenbringenden Lawinen und Steinschläge. Mit diesem Satze leitet Forstinsp. Comm. Müller eine Besprechung der Arlbergbahn in ihren Beziehungen zum Walde ein. Die Wirthschaftsfreiheit mußte natürlich in den der Bahn zunächstliegenden Parzellen etwas eingeschränkt werden (v. S. C. pag. 469).

Die Literatur über Wildbachverbindungen und Aufforstungen der betreffenden Gebiete ist eine recht reichhaltige. An der Spitze steht das v. Seckendorff'sche Werk; aber auch in den Zeitschriften ist dem Gegenstande viel Interesse zugewendet. So erstattet z. B. v. Raesfeld-München einen ausführlichen Reisebericht (v. B. C. pag. 176. 227).

Wir empfangen darin zumeist im Anschluß an das Werk Demontzey's ein mit großer Klarheit geschildertes Bild der Wildbachschäden und ihrer Abwendung. v. R. constatirt, daß das Geleistete mit den Schilderungen Demontzey's vollständig übereinstimmt. Auch in neuester Zeit haben die Verbauungen manche harte Probe zu bestehen gehabt und mit Erfolg bestanden. Unter den denkbar schwierigsten Verhältnissen ist in der Gegend von Barcelonette, dem Reiseziel v. R.'s, eine Fläche von 3830 ha theils bereits aufgeforstet, theils in der Aufforstung begriffen; acht höchst gefährliche größere und viele kleinere Wildbäche sind durch diese Aufforstung und durch die Hand in Hand damit gehenden Bauten unschädlich, ja sogar für die Landwirthschaft nutzbar gemacht, oder gehen doch einem Zustande entgegen, der sie für die Kulturgelände unschädlich macht.

In der „Schw. Z." bespricht Merz-Schüpfheim das Thema im Anschluß an die Literatur und die in der Praxis ausgeführten Arbeiten. Wir erfahren hier unter vielem anderen, daß die Entfernung aller größeren Steine aus dem Flußlauf und deren Beiseiteschaffung ein vortreffliches Vorbeugungsmittel gegen Schaden ist, daß ein Kanal, den man durch den Schuttkegel legte, sehr günstig wirkte und in Folge dessen eine Brücke ohne Beeinträchtigung des Abflusses um die Hälfte verkürzt werden konnte. Der Kern der ganzen Wildbachsicherung liegt in der Festlegung der Bachsohlen, nicht selten läßt sich diese mit sehr einfachen Mitteln erreichen, oft aber bedarf es auch großer Bauten. Deshalb müssen die Verhältnisse vor dem Entschluß sehr genau geprüft werden. Was in einem Falle gut ist, kann im anderen durchaus schlecht sein. Das trifft z. B. auch die Sickergräben (Chronik IX pag. 38), die v. Salis an nicht durch Vegetation gebundenen Orten für sehr bedenklich hält.

Die Wildbachverbauungen im Pusterthale werden Oe. F. 13 beschrieben.

Wie ernst man es sowohl in Oesterreich als auch in der Schweiz mit der Abstellung der Schäden nimmt, geht auch aus folgenden Maßnahmen hervor. In Oesterreich hat der Ackerbau-Minister die Errichtung einer eigenen forsttechnischen Abtheilung für Wildbachverbauungen beschlossen. Die Nordsection derselben wird in Teschen, die Südsection in Villach ihren Sitz haben. Von diesen Stationen aus sollen die fallweise hierzu designirten Forsttechniker jeder Abtheilung auf die Arbeitsfelder entsendet werden. (Oe. F. 24.)

An der technischen Hochschule in Wien ist eine besondere Vorlesung über Wildbachverbauung eingerichtet, und in der Schweiz ist unter Leitung hervorragender Sachverständiger ein Kurs über denselben Gegenstand abgehalten, an dem 14 Forstbeamten theilnahmen.

Daß aber nicht allein in den Alpen die bessernde Hand anzulegen ist, entnehmen wir aus einem Artikel in v. S. C. pag. 499. In demselben sind die diesjährigen Hochwasser-Katastrophen der Weichsel dem schlechten Waldzustande des Weichselgebietes zugeschrieben und wird uns der Beweis durch eine Schilderung der betreffenden Verhältnisse zu bringen gesucht.

b) Forstschutz.

Nördlinger, Forstrath und Prof., Lehrbuch des Forstschutzes. Berlin, Parey.

Goeppert, Geh. Med.-Rath, Ueber das Gefrieren, Erfrieren der Pflanzen und Schutzmittel dagegen. Stuttgart, Enke.

Alers, Forstmeister, Der Frost in seiner Einwirkung auf die Waldbäume der nördlich gemäßigten Zone. Wien, Frick. Separatabdruck v. S. C. Bl. pag. 177, 221.

Wachtl, Oberförster, Die doppelzähnigen Borkenkäfer, erschienen in den Mittheilungen aus dem k. Versuchswesen Oesterreichs. Neue Folge. III.

v. Seckendorff, Prof. ꝛc., Verbauung der Wildbäche, Aufforstung und Berasung der Gebirgsgründe. Wien, Frick.

v. Sonklar, Von den Ueberschwemmungen. Wien, Hartleben.

v. Heimburg, Beitrag zur Frage der Beforstung öder und uncultivirter, im Privatbesitz befindlicher Sand- und Moorflächen. Oldenburg, Schulze.

Die Frage, ob der Forstschutz als ein besonderer Lehrgegenstand beibehalten werden soll, wird von Fürst-Aschaffenburg bejaht. Er giebt dabei seine Ansichten kund, wie weit ein Kapitel dem Forstschutz, wie weit der verwandten Disciplin überwiesen werden soll. Aus den Gebieten der Zoologie und Botanik z. B. soll in die Lehre vom Waldschutz nur soviel herübergenommen werden, als zum Verständniß, zur Anwendung der Schutzmaßregeln nothwendig ist; wir müssen den Feind kennen und von seiner Lebensweise das, was für Verhütung und Vertilgung von Bedeutung ist — ein Mehr gehört nicht in das Gebiet des Forstschutzes (Allg. F. u. J. 305).

v. Nördlinger hat in seinem Werke vom Forstschutz grundsätzlich die Beschädigungen durch Pflanzen nicht behandelt und im Vorwort speciell über die Pilze und ihre Schadenswirkungen gesagt, daß die meisten unter denselben ungefährlich sind, andererseits aber auch ihre Bekämpfung schwierig, man möchte fast sagen aussichtslos ist. Gegen diese Ansichten wendet sich (Allg. F. u. J. pag. 235) Rob. Hartig, indem er an die von N. gegebenen Beispiele anknüpft und unter Benutzung der schwachen Punkte in dieselben Bresche schießt.

Keller-Zürich bespricht die Stellung der Forstzoologie zur systematischen Nomenklatur und verlangt dabei einerseits, daß die angewandte Wissenschaft der allgemeinen folgt und nicht für sich auf einem veralteten Standpunkte stehen bleibt, andrerseits aber, und auch das mit vollem Rechte, daß die allgemeine Wissenschaft in der Gliederung sich Zügel anlegt und und nur dann ein neues Genus schafft, wenn es anatomisch als solches begründet werden kann. Schw. Z. pag. 162.

Gehen wir von diesen theoretischen Erörterungen zu den Mittheilungen aus der Praxis über, so finden wir fast als Hauptgegenstand der Discussion einen alten Bekannten: den Hylobius abietis.

Auf Grund seiner neuesten eingehenden Untersuchungen über Hylobius abietis hält Altum nunmehr ein zehnmonatliches Käferleben für erwiesen. Aus den 1882 März, April abgelegten Eiern schlüpfen die Larven bald aus und werden von Mitte Mai bis Ende September gefunden. Von October bis Juni liegen die erwachsenen Larven verpuppungsreif im Holz. Anfangs Juli 1883 wurden Puppen, von Mitte Juli ab Käfer gefunden. Diese neuen Käfer fressen Juli und August auf der Brutfläche, überwintern und begatten sich im Frühjahr 1884. Nach der Eierablage leben die Käfer noch bis in den Juni.

Als Gegenmittel empfiehlt Altum Roden und Vernichten der mit Brut besetzten Wurzeln, Anlegung von Fanggräben im Juli, Auslegen von Fangobjecten im Juli und August, Schlagruhe bis die Käfer das Feld geräumt haben. Das Umziehen der frischen Schlagflächen im Frühjahr ist kein sicheres Mittel, weil der Käfer in dieser Zeit wahrscheinlich fliegt. Vorbeugen soll man dadurch, daß man die Schläge nicht aneinander reiht (Da. Z. pag. 140).

Eichhoff (Da. Z. pag. 473) bleibt gegenüber den Altum'schen Darlegungen bei dem Satze: wir haben es ganz wie bei den Borkenkäfern, je nach Witterung, Klima und Oertlichkeit bald mit einer einfachen, bald mit einer $1^1/_2$fachen und bei besonders günstigen Umständen wohl auch mit einer vollen doppelten Generation des Rüsselkäfers zu thun.

Die Lebensdauer des Käfers dauert hingegen viel länger. Er begattet sich bald nach dem Auskriechen aus der Puppe und beginnt dann mit dem Ablegen der Eier. Dieses währt unter wiederholter Begattung über Jahresfrist. Während die Stammeltern noch Eier legen, sind die ersten Abkömmlinge, ja deren Nachkommen ausgebildet. Der braune Rüsselkäfer bringt's bis zum Urgroßvater. Erwägt man noch, daß die Begattung meist in der Erde geschieht und sich gewöhnlicher Beobachtung entzieht, so erklären sich die Schwierigkeiten, die Sache klar zu stellen und die Verschiedenheiten in den Auffassungen (Allgem. F. u. J. 417).

Die Vertilgung muß nach E. dadurch möglich gemacht werden, daß man dem Käfer berindetes Holz zur Eierablage darreicht und hernach die Brut vernichtet. Um die Gefräßigkeit der Käfer zu befriedigen, empfiehlt E. alle Vorwüchse, auch das Gestrüpp, so lange auf den Wurzeln stehen zu lassen, als sie noch grün bleiben. Auch soll man das dünne nicht verwerthbare Gezweig liegen lassen, so lange es noch grün ist, hernach mit Reisigbündeln füttern. Uebrigens hält E. die Vertilgungsfrage noch nicht für abgeschlossen (Allg. F. u. J. pag. 429).

Auf pag. 589 der Danckelmann'schen Z. nimmt Altum nochmals das Wort um zu zeigen, daß die Beobachtungen von 1884, soweit sie bis dahin vorlagen, ebenfalls für eine zweijährige Generation sprechen.

Auch in den Forstvereinen ist viel über diesen Käfer verhandelt, zumeist in Folge der Anregung, welche die Literatur in den letzten Jahren gegeben hat. Im pommerschen Forstverein neigte man sich den Frühjahrsgräben zu (Da. Z. pag. 452), im preußischen war man nicht einig darüber, welches die zweckmäßigste Zeit sei (Da. Z. pag. 398). Im märkischen Forstverein wird (Da. Z. pag. 461) von den Oberforstmeistern Hollweg und v. Waldow den Frühjahrsgräben der Vorzug gegeben, letzterer hält auch die Einjährigkeit der Generation für richtig. Obf. Biedermann will Fangkloben im Juli und August legen, während v. Waldow sich energisch gegen Fangkloben überhaupt ausspricht, denn um jede derselben werden die Pflanzen ganz abgefressen.

Oberfm. Guse theilt endlich Da. Z. pag. 519 mit, daß er im

ersten Frühjahr um die frischen Schlagflächen die Gräben gezogen hat und damit am sichersten den Zweck zu erreichen meint.

Von Mittheilungen über andere Insecten möchte ich die nachstehenden bringen.

Heß-Gießen hat Hyl. piniperda eingehend beobachtet und gefunden, daß er unter Umständen doppelte Generation hat. Die der Brut zugehende Wärmemenge erwies sich als sehr einflußreich auf den Entwickelungsgang (v. B. C. pag. 509.)

Für Lyda pratensis und hypotrophica hat sich nach den neuesten Beobachtungen feststellen lassen, daß beide im erwachsenen Larvenzustand zwei Jahre überliegen. Schweineeintrieb wird deshalb ein vorzügliches Mittel sein, um dem Insect entgegen zu treten. Die ausgebildeten Insecten fangen sich an Stangen, die mit Klebstoff bestrichen sind. (Da. Z. pag. 246.)

Nematus abietum (Hrtg.) hat im Odergebirge 10—20jährige Fichtenculturen befallen. Er bevorzugt die Bodeneinsenkungen und an den einzelnen Pflanzen die Seitentriebe. Ebendaselbst ist auch die Fichtenquirl-Schildlaus, Lecanium racemosum, schädlich geworden und an Lärchen fraßen die bekannten Insecten namentlich die Motte lebhaft. (Fm. Baudisch in v. S. C. pag. 584).

Tetropium luridum hat in Seesen kränkelnde Lärchen getödtet. (Da. Z. pag. 726.)

Die Larve von Elater aterrimus oder niger oder beide gemeinschaftlich, wurden von Forstmeister Baudisch beim Abbeißen von Tannensämlingen beobachtet. Auch anderwärts sind Elaterenlarven schädlich geworden, (Da. Z. pag. 228).

Eingehende Beobachtungen über Chermes abietis sind mitgetheilt (v. S. C. pag. 276). Zum Theil bedürfen sie aber wohl noch anderweiter Bestätigung. So, glaube ich, wird es nicht ohne Weiteres zugegeben werden, daß Tortrix hercyniana nicht allein die Eier der Chermes zu Tausenden vertilgt, sondern auch die ungeflügelte Imago.

Dr. Keller-Zürich hat durch eine Reihe von Beobachtungen festgestellt, daß die Vertilgung der Chermesarten durch Spinnen geschieht. (Schw. Z. pag. 17.)

Altum schließt einen Bericht über das Auftreten von Insecten um Eberswalde: Keine unserer Arten fehlte, keine aber trat ungewöhnlich zahlreich auf. Dagegen bemerkte man weit häufiger, als in anderen Jahren an den verschiedensten Holzpflanzen Woll- und Schildläuse. — Die Verbreitung derselben scheint eine sehr weite gewesen zu sein. Auch um Karlsruhe und im südlichen Schwarzwald traten sie in auffallenden Mengen auf.

Von der übrigen Thierwelt wird dieses Mal nicht zu viel Böses gemeldet. Mäuse haben sich im Herbst in reichlicher Menge an vielen Orten gezeigt. Es bleibt abzuwarten, ob Schaden geschieht.

Nach d. Oe. F. Z. 44 ist Myoxus nitela den Lärchen durch Benagen der Rinde in ähnlicher Weise schädlich geworden, wie das früher bereits von der Haselmaus bekannt war.

Der Eichelhäher ist nach Z. d. D. F. pag. 439 dabei beobachtet, wie er die jungen Keimpflanzen aus Eichensaatbeeten herauszog und den Keim ausfraß.

Die Kenntniß der parasitären Pflanzen und ihres Schadens wird von Jahr zu Jahr bereichert. Der auf diesem Gebiete unermüdlich forschende Rb. Hartig beschreibt uns Allg. F. u. J. pag. 11 einen neuen Schmarotzer der Weißtanne, Trichosphaeria parasitica. In vielen Beständen zeigte auf größeren Stellen jede Pflanze die Hälfte, ja Dreiviertel der Benadlung getödtet und gebräunt. Der Pilz perennirt und erscheint um so gefährlicher, als er nicht nur an den neuen Jahrestrieben einen großen Theil der Nadeln tödtet, sondern auch an älteren. Hartig beobachtete ihn bei Passau und Freising, auch im Schwarzwalde (Murgthal) fand ich ihn in großer Verbreitung. Die weitere Beobachtung wird ergeben, ob die betroffenen Stämme eingehen, oder längeren Schaden erleiden.

Die Erforschung der Entwickelungsstadien von Caeoma pinitorquum ist durch von Rostrup einerseits und Kern andererseits gemachte Entdeckung bereichert, daß dieser, die Kieferndrehkrankheit hervorrufende Schmarotzer in seiner höheren — und damit auch überwinternden, das Uebel also von einem Jahre zum andern fortpflanzenden — Form auf den Blättern der Aspe vegetirt.

Peridermium pini ist bei Eberswalde relativ oft auf Stämmen beobachtet, an denen Unterholz die Rinde abgerieben hatte. Danckelmann sagt dazu: Die Vermuthung liegt nahe, daß zwischen der Verbreitung des Kienzopfes und den Verwundungen der Kiefer durch Buchen- und Hainbuchen-Aeste ein ursächlicher Zusammenhang besteht. (Da. Z. pag. 342.)

Eine Erkrankung von Kiefernüberhältern in den Eberswalder Institutsforsten hatte als einen Grund Aecidium pini, als weiteren schwereren aber den Angriff von Hylesinus minor, Piss. piniphilus. Beide griffen den Schaft an. Die Seitenzweige wurden durch Lamia fascicularis, Bostrichus bidens und Hyl. minimus zum Absterben gebracht. (Da. Z. pag. 21.)

Der Mistel und ihrem Vorkommen widmet Nobbe (Thar. J. pag. 1) einen längeren Artikel. Unter den häufiger angebauten Laubhölzern scheint Eiche, Buche und Erle, unter den Nadelhölzern die Fichte der Mistel wirksamen Widerstand entgegenzusetzen. Wie eine weitere Mittheilung (Thar. J. pag. 147. 152) angiebt, gelang es bisher nicht, Belegstücke für das Vorkommen der Mistel auf diesen Holzarten zu erhalten. In der „Oe. F. Z." Nr. 27 ist die Mistel und ihr Vorkommen ebenfalls besprochen.

Die Schütte der Kiefern hat leider 1884 wieder eine bedeutende Verbreitung gehabt; nachträglich hören wir auch (Da. Z. pag. 461), daß die Krankheit 1883 bis nach Schweden vorgedrungen ist. Als Hauptgrund der Krankheit wird für 1884, wie in den Jahren vorher, das Auftreten von Frösten anzusehen sein. Oberförster Brandt giebt Da. Z. pag. 407 speciell der Periode vom 13. bis 19. April die Schuld.

Vom Forstassessor Brettmann ist (Da. Z. pag. 233) gegen die Schütte der Kamppflanzen das Ausheben derselben im Herbst und die Einkellerung empfohlen. Letzteres geschieht in folgender Weise (pag. 236): Nachdem ein gewisses Quantum Pflänzchen ausgehoben, dieselben gehörig sortirt und in kleinen Häufchen von 100 resp. 200 Stück zusammengeordnet sind, schlägt sie ein Arbeiter in einen vorher ausgehobenen Graben so ein, daß sie nicht zu dicht stehen. Der Graben ist 60—70 cm breit, bis 100 tief, je nach Bedürfniß lang; oben erhält er, nachdem die Pflanzen untergebracht sind, eine Decke bestehend aus Stäben und darauf ruhendem Kiefernreisig resp. Tannengezweig. Zuweilen soll gelüftet werden. Die Pflanzen haben sich hierbei gut gehalten und selbst im Entstehen begriffene Schütte ist erfolgreich eingedämmt. Gegen die Schütte der Culturen soll es vielleicht helfen, wenn man kleine Hiebsflächen mit häufigem Wechsel von der Hauptwindseite her einlegt. Als Bedingung für eine solche Behandlung ist die Sturmfestigkeit der Bestände anzusehen.

Das letzte Heft von Ganghofers forstlichem Versuchswesen bringt eine Beschreibung der Versuche, die von Rob. Hartig zur Ausführung empfohlen sind. Es handelt sich dabei um Erforschung der parasitären Schütte, die in Baiern vorwiegend auftritt.

Die Ausästung der Waldbäume hatte sich durch die Anregung von de Courval und de Cars sehr viele Freunde erworben. In Frankreich war sogar eine Aestungsschule errichtet. Höchst beachtenswerth ist es, wenn nun heute eine Stimme gerade aus Frankreich gegen die Methode auftritt. Forstinspector Martinet in Tours schreibt (v. S. C. pag. 74): Im Allgemeinen ist jeder dicht am Stamme ausgeastete Baum, wenn er bereits ein gewisses Alter erreicht hat, und wenn der Ast stark ist, verloren, mag die Verletzung nun mit Steinkohlentheer überdeckt worden sein oder nicht. Die Zersetzung wird gegen das dritte Jahr hin sichtbar. Ein vor 15—20 Jahren ausgeasteter Baum ist im Innern beinahe vollständig zersetzt, wenn der Ast von bedeutender Stärke war. M. schließt seine Mittheilung damit, daß die unvorsichtige Anwendung der Entastung in Frankreich den Verlust des größten Theiles der übergehaltenen Stämme verursucht hat. Forstmeister Alers macht mit Recht (v. S. C. pag. 378) darauf aufmerksam, daß die üblen Folgen der Aestung sich dann bemerklich machten, wenn die Aeste stark waren.

Der Dezember 1883 hat dem Harze viel Schneebruch gebracht, worüber Reuß-Goßlar ausführlich (Da. Z. pag. 378) berichtet. Betroffen ist die Höhenlage von 340—700 m, am schwersten innerhalb dieser Zone der Ring von 400—500 m. Der Bruch ist stärker gewesen in den gegen Westwind geschützten Lagen, weil dort der Wind nicht abschüttelnd und erleichternd wirkte. Es sind das nicht blos die Osthänge, sondern auch die hinter solchen Beständen liegenden Ränder jüngerer Orte. Durch Abwechslung von Thau- und Frostwetter fror der Schnee fest, so daß der endlich hinzutretende

Wind nicht befreiend, sondern ebenfalls brechend wirkte. Die alten Orte sind widerstandsfähiger gefunden, als die jüngeren. 70 pCt. der Schneebruchflächen liegen in den Altersklassen 30—60. Wenig Bruch ist in denjenigen Orten, die früher bereits durch Schneebrüche licht gestellt waren; die Stämme, welche die Belastungsprobe schon einmal durchgemacht hatten, blieben also auch jetzt standfest. Einzelpflanzung in Quadratverbande hat am wenigsten gelitten, Bestandsmischungen haben dagegen nicht geschützt. Es ist in solchen namentlich die Buche gebrochen.

Auch im Böhmerwald ist im December 1883 Schneebruchschaden erfolgt. Nach v. B. C. pag. 550 hat sich die Pflanzung widerstandsfähiger gezeigt als die Saat.

Fm. Baudisch (v. S. C. pag. 119) hat bei der Schneebruchcalamität 1883/84 die Wahrnehmung gemacht, daß namentlich die gleichaltrigen Fichtenbestände gelitten haben, unter diesen aber mehr die aus Saat entstandenen, nicht durchforsteten, ferner die in der Altersklasse 20—45. Die Tanne erwies sich als recht widerstandsfähig. B. sieht das Heil in Pflanzung, in Bestandsmischung, Beibehaltung der Tanne, Plenterformen und Durchforstungen.

Aus den Verhandlungen des böhmischen Forstvereins ging hervor, daß die Bestände der natürlichen Verjüngung gleich denen der Saat weniger Widerstand leisteten, als Pflanzungen.

Bei Gelegenheit eines reichlichen Schneefalles maß Bühler-Zürich die Schneehöhen im Freien und im Walde und fand, daß Nadelholzhochwald ungefähr sechsmal mehr Schnee in den Kronen zurückgehalten hat, als Laubholzhochwald. Der Einfluß des Niederwaldes ist sehr gering. (Schw. Z. pag. 82.)

Zum Absterben von ganzen Baumgruppen in Folge Blitzschlages bringt Fm. Beling in Seesen (v. B. C. pag. 108) neue Beiträge.

c) Forstgeschichte.

Saalborn, Jahresbericht über die Leistungen und Fortschritte in der Forstwirthschaft, V. Jahrgang, Frankfurt a. M. Sauerländer.

Weise, Chronik des deutschen Forstwesens im Jahre 1873, IX. Jahrgang. Berlin, Springer.

Zur Geschichte der franz. Forsteinrichtung im Reichslande (Da. Z. pag. 101.)

Die Preisbewegung in den masurischen Forsten von 1800—1879 von Dr. Eggert in Danckelm. Zeitschr. pag. 529, 593, 657.

Dr. Gent bespricht in origineller Weise Z. d. D. F. pag. 433 den Werth der geschichtlichen Forschung für die Entwickelung neuer Lehren, er macht dabei der Jetzzeit den Vorwurf, daß sie das Alte nicht genug würdige resp. vergesse, was bereits dagewesen. Er übersieht dabei aber wohl, daß gerade die neueste Zeit viel mehr für die Erforschung der Forstgeschichte gethan hat, als irgend eine frühere, und daß die Kenntniß von der Entwickelung der Wirthschaft heute eine bei weitem gründlichere ist, als vor 20 Jahren und früher.

Die Oe. F. bringt Beiträge zur Geschichte des Forst- und Jagdwesens in Oesterreich. In dem ersten Artikel wurden die bisherigen Leistungen der Literatur sowie die Quellen besprochen. Mit Recht macht der Verfasser auch darauf aufmerksam, daß in Proceßacten über Regulirung der Eigenthums- und Servitutverhältnisse ein reiches Material enthalten ist, aus dessen Publication sehr viel gelernt werden kann. Vom zweiten Artikel an geht der V. auf die Geschichte von Salzburg ein, voran auf die allgemeine, hernach auf die forstliche. Wir wollen hier nur von dem reichen Inhalte der Aufsätze erwähnen, daß in S. ebenso wie auch anderwärts oft, z. B. im Mansfeldischen der Bergbau verhältnißmäßig früh eine pflegliche Behandlung der Waldungen nach sich zog.

d) Forstbenutzung und Waldwegebau.

Die industrielle Verwertung des Rothbuchenholzes. Eine Denkschrift ꝛc. Wien, Graeser.

Dr. Heinzerling, Die Conservirung des Holzes. Halle, Knapp.

Printz, Die Bau- und Nutzhölzer oder das Holz als Rohmaterial für technische und gewerbliche Zwecke sowie als Handelswaare. Weimar, Voigt.

Dr. Grundner, Forstassistent, Taschenbuch für Erdmassenberechnungen bei Waldwegebauten in ebenem und geneigten Terrain. Berlin, Springer.

Schubarth, Landrath, Die Feldeisenbahnen, insbesondere Spalding's Feldeisenbahnsystem im Dienste der Waldwirthschaft. Berlin, Seydel.

In einem Aufsatze der Z. d. D. Forstb. ist ausgesprochen, daß der Nothstand unserer Waldungen hauptsächlich durch einen solchen der Buchenwälder hervorgerufen ist. Der Verfasser, Fabrikant Rütgers, hebt aber zugleich auch hervor, daß der Nothstand nicht ein so bedeutender zu sein brauchte, denn ein großer Theil der Schwellen für deutsche Eisenbahnen könnte aus den heimischen Waldungen entnommen werden. Bereits 1881 ist von mir auf Grund amtlicher Erhebungen[1]) die große Vielseitigkeit dargethan worden, welche in der Verwendung des Buchenholzes herrscht. (Vgl. Da. Z. 1881 pag. 529). Seitdem ist hier regelmäßig über die Aussichten des Buchenmarktes berichtet. Die Zeichen einer Besserung mehren sich m. A. von Jahr zu Jahr.

In Oesterreich sind Schritte zur Lösung der Frage von dem Oesterreichisch-Ungarischen Vereine der Holzproducenten, Holzhändler und Holzindustriellen und in Gemeinschaft mit dem technologischen Gewerbemuseum versucht. Von diesen ist zunächst ein durch Abgeordnete des Ackerbau-Ministeriums und sämmtlicher großen österreichischen Eisenbahnverwaltungen, endlich durch Sachverständige aus dem Fache der chemischen Technologie verstärktes Comité eingesetzt, welches Vorschläge zu machen hat, wie das Buchenholz als Nutzholz verwerthet werden könne. Das Comité will durch Belehrung des Publikums wirken, aber auch Preise aussetzen für Lösung der Frage. Zur Uebersicht über den jetzigen Stand der Dinge wurde ein Fragebogen ausgegeben. Die darin gestellten Fragen waren folgende: Welche Verwendungsarten des Buchenholzes für Massenartikel sind Ihnen bekannt? Welche Verwendungsarten des Buchenholzes sollte man nach Ihrer Ansicht fördern? Welche Hindernisse

[1]) Dem Verfasser der oesterr. Denkschrift scheinen dieselben unbekannt geblieben zu sein.

stehen Ihrer Erfahrung nach einer günstigen Verwerthung entgegen? Darauf sind 51 Antworten eingelaufen und auf Grund dieser ist die Eingangs genannte Denkschrift herausgegeben. Als Hinderniß des Verbrauchs finden wir angegeben die nüchterne Farbe, das bedeutende Gewicht, die Neigung zum Werfen und Reißen, die Sprödigkeit des Kerns, die geringe Dauer im Freien und im Boden. Als Hinderniß der besseren Verwerthung wird die hohe Fracht der Eisenbahnen bezeichnet, die nur die Versendung reinster und bester Waare gestattet. Vielfach fehlt es auch an Communicationsmitteln.

Das Reißen des Buchen-Holzes kann, wie schon mehrfach betont ist, dadurch wesentlich vermindert werden, daß man das Holz frisch zertrennt. Es wird wiederum empfohlen Oe. F. No. 45. Daselbst No. 35 wird von Hahn darauf aufmerksam gemacht, daß auch die Fällungszeit von Einfluß sei, indem das im November, Dezembər und Januar gehauene Holz wenig reiße. Auch hier wird aber hervorgehoben, daß man die Stämme sogleich auf das Sägewerk bringen und außerdem die Brettwaare dort luftig aufstapeln muß; die Sonne darf dabei die Kopfseiten nicht treffen.

Gehen wir die Verwendungen in der einen und anderen Gegend durch, so fällt von Neuem die große Verschiedenheit darin auf. Gerade deshalb aber, glaube ich, wird sich der Buchenholzabsatz, wie schon in den letzten Jahren vielfach geschehen ist, auch weiter bessern. Das Interesse für das Buchenholz ist wach geworden, man hat begonnen, die Erfahrungen auszutauschen und bald werden wir mehr und mehr in das Versuchsstadium eintreten. Täuschen nicht alle Zeichen, so wird es dann schnell vorwärts gehen.

Aus Hanover erfahren wir, daß die Buchenfaßfabrication rüstig Fortschritte macht. Im Revier Springe hat sich das Buchennutzholzprocent 1880 auf 4, 1881 auf 3, 1882 auf 9, 1883 auf 41, 1884 auf 43 % gestellt. Im Lippeschen Revier Schieder ist bei höheren Preisen auf den Schlägen 48—60 % Nutzholz abgesetzt. Der Vorsitzende des nordwestd. F. V. konnte eine Besprechung dahin resumiren, daß allseitig ein Heben der Absetzbarkeit von Buchennutzholz in dem Bezirke bemerkbar sei. (Da. Z. pag. 495.)

Die Brauchbarkeit der Buche zu Schwellholz ist abermals festgestellt worden. Imprägnirt liegt sie ca. 18 Jahre, ehe sie ausgewechselt werden muß. Solche Erfahrungen üben bereits auf einzelne Reviere recht bedeutenden Einfluß. So hören wir aus der Z. d. d. F. pag. 26 mit Bezug auf Schwellenholzverbrauch den Satz: Wo früher das Holz nur zu niedrigen Preisen zwecks Verkohlung verkauft werden konnte, werden heute bei 50 % Nutzholz und darüber, auch für Brennholz gute Preise erreicht.

Ueber die Benutzung des Wurzelanlaufs und unteren Stammtheils der Rothbuche für Herstellung von Pflugkrummhölzern finden wir Ausführliches in Da. Z. pag. 253.

Ein gutes Wort für die Buche legt auch Fm. Neidhardt (v. B. C. pag. 285) ein. Er zeigt wiederum, daß es ganz falsch ist, nach den Schlagaufnahmelisten die Verwendungsquote an Nutzholz zu beurtheilen. Bei weitem die meisten Scheite wurden zu Werkholz verarbeitet, nicht verbrannt.

Endlich bringen die F. Bl. pag. 163, 218, 282 Aufsätze, in denen Borggreve für erweiterte Verwendung der Buche zur Dielung unserer Wohnräume eine Lanze bricht. Den Hauptgrund für die gänzliche Ausschließung derselben findet Borggreve in einem unklaren, weil von anderen Zwecken und aus früheren Zeitverhältnissen übertragenen Vorurtheil und der daraus entspringenden Gewohnheit und Umständlichkeit der Beschaffung. Der einfachste Anfang zur Besserung wäre wohl in der Weise zu machen, daß da, wo in Buchengegenden Neubauten oder Neudielungen von Forsthäusern in Aussicht stehen, die Anschläge rechtzeitig auf Buchendielung gemacht und mit der Bedingung in Submission gegeben würden, daß der Unternehmer, der den Zuschlag bekömmt, das Holz freihändig erhält.

Aus all diesem geht hervor, daß auch für die verschmähte Buche noch eine Zeit kommen kann, wo sie dem Waldbesitzer hohe Erträge liefert.

Ueber die Resultate bei den Rindenversteigerungen hören wir durch Forstmeister Neidhardt (Allg. F. u. J. pag. 205), daß bei 70825 Centner eine Steigerung des Preises, bei 143 580 ein Rückgang stattgefunden hat und endlich bei 23 490 die Preise mit denen für 1883 gleich blieben, sodaß also im Ganzen ein Rückgang zu verzeichnen ist.

Aus einem Aufsatze Dr. Councler's-Eberswalde (Da. Z.

pag. 543) läßt sich vielleicht eine Erklärung dafür finden, denn wir erfahren daraus, daß die Herstellung von Gerbstoffextracten sehr erhebliche Fortschritte gemacht hat und auch die Anwendung eine immer häufigere wird.

Neuere Analysen über den Gerbstoffgehalt der Erle haben gezeigt, daß der Befund der ersten Untersuchungen ein sehr günstiger gewesen ist. Der Gerbstoffgehalt der Weiden scheint durchweg ein sehr geringer zu sein.

Die Rinde der Roßkastanie ist nur zum Schwellbeizen, während die der Eberesche zu jedem Stadium des Gerbprozesses brauchbar ist.

Die Lärche hat mehr Gerbstoff, als die Fichte und diese mehr, als die Tanne. Bei Tanne und Lärche zeigte die in größerer Höhe am Baume geschälte Rinde erheblich mehr Gerbstoffgehalt als das Erdgut, bei der Fichte dagegen war eine derartige Zunahme nicht festzustellen. C. bezeichnet alle drei Rinden als zur Lederfabrikation brauchbar, die Lärche ist sogar sehr gerbstoffreich zu nennen (Da. Z. pag. 1).

Der Mastertrag pro 1883 im Auwalde Groß-Gerau (Hessen) hat sich auf 27 Scheffel pro ha. belaufen und einen Erlös von 22 M. gebracht. Etwa die Hälfte davon wurde zu Saatgut, die Hälfte zu industriellen Zwecken gesammelt. Das Verdienst der ärmeren Bevölkerung für Einsammeln, Transporte 2c. berechnet Forstmeister Muhl auf mindestens 15000 M. (Allg. F. u. J. pag. 253).

Die Kenntniß von den technischen Eigenschaften der Hölzer ist durch eine Reihe neuer Untersuchungen und Publikationen bereichert worden. So behandelt Rb. Hartig (Allg. F. u. J. pag. 128) den Einfluß des Baumalters und der Jahrringbreite auf die Beschaffenheit des Holzes. Wir möchten hier nur darauf hinweisen, daß H. mit Entschiedenheit der Anschauung gegenübertritt, wonach der Verkernungsproceß ein Beginn der Zersetzung sei. Verkernung wird hervorgerufen durch Ablagerung von Stoffen, die H. kurzweg Kernsubstanz nennt. Sie ist nicht bei allen Holzarten gleich, bei der Eiche besteht sie aus Gerbstoffen, welche unter Gelbfärbung oxydiren und unlöslich werden. Durch die Einlagerung der Stoffe erklärt H. auch die Erscheinnng, daß Kernholz weniger schwindet, als der Splint.

Aus den Bauschinger'schen Mittheilungen über die Elasticität und Festigkeit von Fichten- und Kiefernbauhölzern erwähnen wir, daß die Winterfällung den Hölzern eine bedeutend höhere Festigkeit (25 pCt.) giebt, als die im Sommer.

Auch die Oe. V. bringt pag. 120 einige Versuchsergebnisse über die Festigkeit.

Das Holz der Douglastanne ist von Mayr-München untersucht und von ihm so gefunden, daß er die Ansicht aussprechen konnte: Wir würden bei ihrem Anbau in jedem Falle ein Holz erhalten, das in seiner schlechtesten Qualität dem besten Holze von Fichte und Tanne gleichkommt, in seiner besten Qualität aber dem so vorzüglichen Lärchenholze nahe steht. (v. B. C. pag. 278).

In v. S. C. pag. 155 wird auf die Haselfichte, eine Spielart unserer Rothtanne, aufmerksam gemacht, weil sie zu gewissen Zwecken, z. B. Anfertigung musikalischer Instrumente, besonders brauchbar sei. Prof. Dr. Hartmann berichtet über ihr Vorkommen in Kärnten. Die äußeren Hauptkennzeichen sollen weißnadelige bis honiggelbe Frühjahrsspressen sein, oft auch trauerweidenartige Beastung. Interessant ist die Mittheilung, daß Instrumentenmacher diese Fichten an dem Ton erkennen, den sie im Durchgleiten durch die Riesen geben. Geschwind giebt (v. S. C. pag. 611) an, daß die Haselfichte in Bosnien wahrscheinlich recht häufig vorkommt. Gegenwärtig werden namentlich Dauben und Schindeln daraus gespalten. G. spricht aber die Vermuthung aus, daß viele derselben von französischen Händlern zu Resonanzholz aussortirt werden.

Eine Untersuchung über das wirkliche Schwinden der in Raummaß aufgesetzten Hölzer schließt Böhm (Oe. V. pag. 219) dahin ab, daß, die Richtigkeit der in der Literatur vorhandenen Zahlen vorausgesetzt, der volle Derbgehalt dann geboten würde, wenn man eine Stoßüberhöhe von 11 mm pro Meter giebt. Da stets die volle Aufmeterungshöhe um ein geringes überschritten wird, so kommt B. zu dem Schlusse, daß man ein besonderes Uebermaß zur Deckung des Schwindeverlustes nicht zu setzen braucht. Ein Aufsatz in F. Bl. pag. 355 fordert dagegen, daß man sogar bei der Durchmessermessung der Nutzstücke ein Schwindemaß in Rechnung stellt. Borggreve fügt dem bei, daß doch wohl das Schwinden in dem Fortlassen aller cm=Bruchtheile bei der Messung genügend ausgeglichen wird.

Zwei neue Verfahren, Holz zu trocknen, sind bekannt geworden. Nach der Oe. F. 14 soll es nämlich einem Amerikaner, Fuller, gelungen sein, dem Holze in einigen Tagen den Wassergehalt so zu entziehen, daß es nicht reißt und sich nicht wirft. Bei dem zweiten Verfahren wird nach Oe. F. 32 dasselbe erreicht, außerdem soll das Holz sich aber auch nicht verziehen und auch in der Farbe keine Aenderung erfahren. Es kommt dabei Knochenkohle zur Anwendung. Der Patentnehmer ist Roßdeutscher in Potsdam.

Meister=Zürich beschreibt (Da. Z. pag. 617) eine von der Forstverwaltung hergerichtete und betriebene Imprägnir=Anstalt nach dem System Boucherie. Er weist durch die Betriebsergebnisse dabei nach, daß das Unternehmen ein sehr einträgliches ist. Das aus 40jährigem Stangenholz entnommene Material ließ sich imprägnirt zu 39,04 Frs. verwerthen, während sonst höchstens der Preis auf 20 Frs. kam.

Hager imprägnirt die Hölzer so, daß sie erst mit heißer Eisensalzlösung ganz durchtränkt, dann wieder getrocknet und in ein heißes Bad von Wasserglas gebracht werden. In dem Bade bildet sich in den äußeren Holzschichten ein unlösliches Eisensilicat. Dieses schützt gleich einem Panzer das innere eisensalzdurchtränkte Holz. (Oe. F. 33).

Auf die Holzimprägnirung mit Kalk ist mehrseitig aufmerksam gemacht, z. B. Oe. F. 24. Das Holz soll dadurch neben größerer Dauer auch größere Festigkeit und Härte erhalten.

Die Literatur des Jahres 1884 giebt uns wiederum einen sehr guten Einblick, wie heiß das Bemühen ist, die Rente des Waldes zu einer achtbaren Höhe zu bringen. Aus den Vorträgen, die in dem schweizerischen Forstverein über die Hebung des Geldertrages der Forsten gehalten sind, möchte ich einige Gedanken des Fm. Meister hier wiederholen. M. findet das beste Mittel in umsichtiger Leitung der Holzernte und Holzverwerthung. Zu strenges Festhalten an der nachhaltigen Nutzung und regelmäßigen Hiebsfolge macht die Erzielung der höchsten Gelderträge unmöglich; dem Wirthschafter muß möglichste Freiheit eingeräumt werden, damit er jede günstige Absatzgelegenheit benutzen kann. Man darf den Bezug von

Holz auch nicht an eine bestimmt begrenzte Hiebszeit binden. Wer nicht Holz zu beliebiger Zeit nach Bedarf fällen kann, wird nie allen Anforderungen genügen und somit auch nie die höchsten Erträge erzielen können. (Da. Z. pag. 572.) Im märkischen F. V. wurde bei Beantwortung der Frage: Wie ist mit Rücksicht auf die in der Mark herrschenden zeitweiligen Holzabsatzverhältnisse das Aushalten des Holzes und die Holzverwerthung am vortheilhaftesten einzurichten? gerügt, daß der Staat durch Einführung der Kohle für die Erheizung der Staatsgebäude das Angebot an Brennholz mehrt und die Preise herabdrückt, daß er für den Bau öffentlicher Gebäude ausländisches Holz selbst da verwendet, wo heimisches in nächster Nähe zu haben ist, daß die Verwaltung noch immer die freie Bewegung und mehr kaufmännische Behandlung des Absatzes erschwert. Viel Hülfe wurde erwartet vom Verkauf auf dem Stamm, vom Submissionsverfahren, von einer dem Großhändler leicht zugänglichen Veröffentlichung der Holzverkäufe in bestimmten Blättern, von einem angemessenen Creditwesen, endlich auch — von Erhöhung der Umtriebszeiten.

Der Unterstaatssecretär v. Mayr hat jeden der reichsländischen Oberförster aufgefordert, ihm durch die Bezirkspräsidenten eine Denkschrift auszuarbeiten, in der auf Hebung der Forstrente bezügliche Anschauungen und Erwägungen niederzulegen sind. Die betreffende Verfügung ist vollinhaltlich F. Bl. pag. 363 gegeben. Hoffentlich hören wir auch etwas aus den Antworten.

Bei den Verhandlungen über den preußischen Forstetat sagte der Abg. Dirichlet, bekanntlich Gegner der Holzzölle: Er glaube, daß eine Zollerhöhung bei Manchen im Reichstage ein geneigtes Ohr finden würde, wenn der Beweis für die Behauptung wirklich gelänge, daß man genöthigt ist, Nutzholz ins Brennholz zu schlagen. Um das zu können, muß die Forstverwaltung allerdings erst alles, was als Nutzholz betrachtet werden kann, auch wirklich einmal als solches aushalten. Das geschieht zunächst nur selten. Den Beweis liefert übrigens der viel höhere Nutzholzertrag, den Private aus ihren Wäldern ziehen, Beweis liefert die Thatsache, daß beim Verkaufe auf dem Stocke, der Käufer fast immer viel mehr Nutzholz aushält, als es von der Verwaltung geschehen würde. Aus der Preuß. Oberförsterei

Carzig sind (F. Bl. pag. 321) einige Beläge dafür gebracht. Endlich ergeben die Zahlen für die Nutzholzausbeute direct, daß bisher Nutzholz zu Brennholz geschlagen wurde. Ueberall haben wir eine steigende Richtung und diese läßt sich in ihrem Umfange nur dadurch erklären, daß früher noch mehr Nutzholz ins Brennholz wanderte, als zur Zeit. Der financielle Vortheil, den z. B. der Tiefschnitt am gerodeten liegenden Stamme bietet, wird von Neumeister-Tharand auf 3 pCt. ermittelt. (Th. J. 119).

Die Verminderung der Transportkosten wird als ein weiteres Mittel, die Waldpreise des Holzes zu erhöhen, in eifrigster Weise angestrebt. Ueberall in Deutschland sind die für den Bau von Waldwegen und deren Unterhaltung ausgegebenen Posten recht bedeutend. Immer tiefer ziehen sich die guten Wege in die bis dahin unaufgeschlossenen Districte und wenn die Zeit auch noch fern ist, wo man im Wesentlichen mit dem Bau fertig ist, so muß man den Umfang der Leistungen doch lebhaft anerkennen. Im schlesischen und sächsischen F.-V. stand das Wegebauthema zur Debatte. Oberf. Denzin entwickelte unter Beigabe von Beispielen aus dem Grüssauer Reviere die Rentabilität der Bauten, ebenso die Vortheile, die nach Richtung der Bestandspflege aus einem erweiterten Durchforstungsbetriebe entspringen, die Erleichterung, die Verwaltung und Schutz genießen, endlich die Oeffnung des Revieres für das große Publikum. Oberförster Träger ging namentlich auf die Technik des Baues selbst ein.

Den Drahtseilbahnen sind in Oe. F. 47 ff. einige Artikel gewidmet. Die neuesten Verbesserungen machen es möglich, Gefälle bis 74 pCt. und Spannweiten bis 500 m zu benutzen.

In ganz besonderem Maße wurde aber durch eine Abhandlung von Fm. Runnebaum unser Interesse für transportable Waldeisenbahnen wach gerufen. R. theilt mit, daß in der Oberförsterei Grimnitz mit der Anlage vorgegangen ist und man auf Grund angestellter Berechnungen auf eine gute Rentabilität hofft. Von einem 2,5 km von der Holzablage entfernten Kiefernschlage werden täglich 80 fm an erstere geschafft. Hierbei werden gebraucht zum Wenden und Rücken der Stämme vier Arbeiter und ein Pferd, zum Aufladen neun Arbeiter, zum Transport zwei Arbeiter und zwei Pferde und zum Abladen vier Arbeiter und ein Pferd. Bei einem Mannstagelohn von 1,75 M. und einem Preis von 4 M. für die Tagesarbeit eines Pferdes stellen sich die Kosten für ein fm. auf 0,62 M., während früher dafür 1,50—2,00 M. gezahlt sind. Daß die Ersparniß bei längeren Strecken noch größer und die Anlage noch rentabler wird, ist zweifellos. (Da. Z. pag. 177) Wir hören, daß weitere umfassende Versuche demnächst in den Eberswalder Institutsforsten vorgenommen werden.

Leider ist den Klagen über hohe Transportkosten auf Staats- und Gesellschaftseisenbahnen noch nicht abgeholfen. In der forstl. Beil. d. V. nass. L.- u. F.-W. Nr. 18 hören wir von folgendem Stoßseufzer: Von Ermäßigung des Eisenbahntarifs für Kohlen und Koaks lesen wir wohl in den Zeitungen, für Grubenhölzer hat leider eine solche nicht herbeigeführt werden können. Die Konkurrenz der Kohle erdrückt einerseits den Brennholzmarkt, andererseits haben wir für den Transport von Hölzern eine Erleichterung nicht erreicht.

Sehr wesentlich ist es, daß wir stets genaue Fühlung mit den holzverarbeitenden Industrieen behalten und uns über Aenderungen im Bedarf derselben genau unterrichten. Althergebrachtes muß freilich dann oft geändert werden. So ist z. B. nach Mittheilungen von W. Koch-Berlin, Besitzer einer großartigen Kisten- und Faßfabrik (Da. Z. pag. 108), das Aushalten von Eichen-Spaltnutzholz in 1 m Länge in Hinblick auf die Ausbeute für den Stabschläger und Kleinböttcher als ungünstig zu bezeichnen, denn der Abfall ist dabei sehr groß. Die jetzt üblichen Maße der Dauben nebst Angabe über Bedarf fügt v. Alten, das. pag. 109 und 110, bei.

Dr. Weber-München brachte (v. B. C. pag. 81. 141. 401. 457) die Fortsetzung seiner vorjährigen Artikel über die Bedeutung einiger holzverarbeitender Industriezweige. Er zeigt in dem ersten, wie innig eine blühende Holzindustrie mit hohen Waldrenten verknüpft ist und wie daher jeder Waldbesitzer Alles aufbieten muß, um die bestehenden Privatindustrieen zu fördern, statt aus oft mißverstandenem und kurzsichtigem Augenblicks-Interesse die Henne zu schlachten, welche die goldenen Eier legt. Im Besonderen behandelt W. dann die trockene Destillation des Holzes. Er läßt uns wiederum einen Einblick thun, in welcher Weise ein so hoch zusammengesetzter Körper, wie das Holz stufenweise und mit Ausnützung aller technisch benutzbaren Zwischenglieder zersetzt werden kann, anstatt es einfach als Brennmaterial zu verschwenden. Gegenwärtig bestehen in Deutschland 20 Fabriken, die rund 163000 Rm. zumeist Buchenholz verarbeiten. Leider hat die Industie bereits viel mit der freien Einfuhr aus dem Auslande zu kämpfen, so daß W. entweder Schutzzoll fordert oder wenigstens Beseitigung der ausländischen Zölle, die auf deutsche Waare gelegt werden. Zur Hebung der betr. Industrie würde es auch beitragen, wenn Methylalkohol als ausschließliches Denaturirungsmittel gesetzlich anerkannt würde.

Zuletzt bespricht W. die Sägewerke. Die hervorragende Bedeutung dieses Zweiges der Industrie erhellt sofort, da wir wissen, daß nach der Gewerbe-Aufnahme von 1875 für Großbetrieb 2785 Sägegatter mit 17909 Sägeblättern in Thätigkeit waren und daß wir diesen noch 10000 Waldsägen zufügen können. Man rechnet, daß durch diese über 11 Millionen fm Holz verarbeitet werden.

Aus den für 1882 geltenden Zahlen des Holzhandels über die deutschen Grenzen entnehmen wir übrigens, daß zu Gunsten der Veredelung von Hölzern in Deutschland der darauf ruhende Verkehr gestiegen und daß die Holzbearbeitungs-Anlagen einen größeren Erwerb gewonnen haben (Th. J. pag. 57).

e) Forsteinrichtung.

Tichy, Die Forsteinrichtung in Eigenregie. Berlin, Parey.
Schiffel, Zur forstlichen Ertragsregelung. Wien, Frick.
Instruction über die Ausführung von Betriebseinrichtungen in den Gemeinde- und Instituts-Waldungen des Reg.-Bez. Wiesbaden. Wiesbaden, Bechtold u. Comp.

Ueber die Anwendung der forstlichen Reinertragslehre in der Praxis bringt Bretschneider (Oe. F. No. 1 ff.) eine Reihe von Artikeln. B. sieht ein, daß man mit einer hohen Verzinsungsforderung zur Brennholzzucht im Niederwaldbetriebe kommt und er sucht nun einen geeigneten Zinsfuß zu finden. Er geht dabei auf die einzelnen, auf den Zinsfuß wirkenden Factoren ein, findet jedoch, daß eine allgemeine Festsetzung nicht möglich ist. Es soll daher die höchstmögliche nachhaltige Verzinsung der „investirten Kapitalien" erzielt werden. Eine Reihe vergleichender Berechnungen ist zur Klarlegung derselben nöthig. Aus ihnen ist als letztes der Zinsfuß ersichtlich. Schiffel entgegnet, Oe. F. 19, daß durch Br. Verfahren doch nicht die Wahl des Zinsfußes erleichtert sei, man bewege sich dabei im Kreise.

Die Schrift von Strzelecki über den Genauigkeitsgrad bei Berechnung des Normalvorraths mit Hilfe des Haubarkeitsdurchschnittszuwachses hat außer denen von 1883 noch mehrere Erörterungen veranlaßt (Allg. F. u. J. pag. 100 und 316), obwohl die Sache selbst ja sehr einfach und von dem Verfasser klar dargestellt ist. Der Kern wird von St. nochmals (v. S. C. pag. 133) gegeben. Er sagt: Wenn man den Normalvorrath nach der Formel $\frac{u}{2}$ Z berechnet und ihn vergleicht mit den in Ertragstafeln angegebenen, so findet man, daß die beiden Vorräthe nur in den seltensten Fällen mit einander übereinstimmen. Abweichungen und Uebereinstimmungen sind aber nicht zufällig, sondern stehen im innigsten Zusammenhang zu dem Verhalten des Haubarkeits- zum Altersdurchschnittszuwachse. Das entscheidende Moment ist die Zeit, in welcher der Haubarkeitsdurchschnittszuwachs gleich ist dem Altersdurchschnittszuwachse. Geschieht das in der Hälfte der Umtriebszeit, dann sind beide Normalvorräthe gleich, liegt die Gleichheit vor dieser Zeit, so ist der berechnete Normalvorrath kleiner als der wahre, liegt sie dahinter, so ist er größer.

Die Frage der gleichen Jahresnutzungen ist in d. Oe. V. pag. 38 behandelt in Anknüpfung an den Aufsatz Hähnle's. (Chronik IX. pag. 62).

Der Geldreservefonds zur Herstellung möglichst gleicher Rentenbezüge trotz ungleicher Jahreseinnahmen, wie er in meinem Buche „Die Taxation der Privat- und Communalforsten" empfohlen ist, wird von Judeich nicht angenommen. Die von ihm erhobenen Einwände (v. S. C. pag. 344.) haben das. pag. 479 eine Widerlegung gefunden.

Auf einen anderen Aufsatz Judeichs betr. die Vortheile der kleinen Hiebszüge wollen wir ebenfalls besonders hinweisen. Er beleuchtet speziell die von Borggreve und Pilz vorgebrachten Einwände und berichtigt am Schlusse einen von Denzin gemachten Vorwurf, daß Judeich die Vortheile der kleinen Hiebszüge zwar auf dem Papiere markirt, nicht aber auf den Wald überträgt. (Th. J. pag. 44.)

In Bemerkungen über den Begriff der Fachwerksmethoden wird (v. B. C. pag. 530) mit Recht für Beibehaltung des Namens Fachwerk gesprochen. Selbst, wenn der Name und Begriff sich nicht so gut deckten, wie es der Fall ist, meine ich, läge kein Grund vor, den eingebürgerten durch einen neuen zu verdrängen.

Die Thatsache, daß in Carzig das Festmeter 100—120 j. Kiefernholz mit 12,52 resp. 13,41, dagegen 140—180 j. mit 17,02 Mk. bezahlt ist, giebt Borggreve (F. Bl. pag. 322) Gelegenheit, für hohe Umtriebe zu sprechen. Für dieselben macht er ferner geltend, daß in dem Mündener Institutsforst Gahrenberg der frühere Abnutzungssatz seit 1882 um 4000 fm herabgesetzt ist und dabei die Rente von 115—120000 Mk. auf 130000 Mk. gestiegen ist. (F. Bl. pag. 386).

In längerer Abhandlung wird (v. S. C. pag. 329) die Frage, ob man bei der Forsteinrichtung zu den geodätischen Arbeiten Forstleute oder Geometer nehmen solle, zu Gunsten der letzteren beantwortet. Der Forstmann bezeichnet die zu messenden Linien, der Geometer nimmt sie auf.

Die oben erwähnte Tichy'sche Schrift will die Forsteinrichtung ganz dem Wirthschafter überlassen. Sie soll dabei eine intensive Nutzholzproduction anbahnen, ein Ziel, welches durch Bevorzugung der horstweisen ungleichaltrigen Bestandesformen mit mannigfaltiger Holzartenmischung zu erreichen ist. Eine ausführliche Besprechung der Schrift bringt Stötzer (v. S. C. pag. 591).

f) Holzmeßkunde.

Dr. Lorey, Prof., Ertragstafeln für die Weißtanne. Frankfurt a/M., Sauerländer.

Dr. Nördlinger, Ueber Zuwachs und Zuwachsprocent. Frankfurt a/M., Sauerländer.

Kunze, Professor, Hülfstafeln zu Holzmassen-Aufnahmen. Berlin, Parey.

Behm, Geh. Rechn.-R., Kubiktabelle für Rundhölzer. 9. Aufl. Berlin, Springer.

Für Weißtanne und Kiefer sind neue Ertragstafeln erschienen. Die ersteren von Lorey sind nach einem Weiserverfahren aufgestellt, welchem Analysen von Mittelstämmen der 200 stärksten Stämme und solchen des ganzen Bestandes zu Grunde liegen (pag. 39). Weißtannen-Ertragstafeln werden deshalb immer schwer zu verwenden sein, weil das Alter eines gegebenen Bestandes sehr schwer festzustellen ist. Lorey sucht den Uebelstand dadurch zu beseitigen, daß er die Ringe der Jugendperiode nicht zählt, sondern sie nach ihrer Gesammtbreite einschätzt. Er entwirft pag. 15 eine Tabelle, die ein einheitliches Verfahren sichert. Haben z. B. die engen Ringe an Stärke einen Gesammtdurchmesser von 2 cm, so werden sie zu 14 gerechnet, ist der Durchmesser 4 cm, so gelten sie 18. Dadurch wird dem wirklichen Alter ein wirthschaftliches entgegengesetzt. Außer den Ertragstafeln erhalten wir auch Formzahlen und zwar solche für den Stamm und Bestand. In v. B. C. pag. 626 bespricht Schuberg die von Lorey angewandte Methode und erläutert seine Bedenken dagegen.

Die Kiefernertragstafeln sind von Kunze in den Suppl. des Th. J. gegeben, sie weichen wesentlich von dem Gange der meinigen ab. Wer Recht hat, wird die Zukunft lehren. Das jetzt beigebrachte Material giebt einen besseren Einblick in die Wachsthumsgesetze, als das, was früher zur Disposition stand. Damals hatten wir nur Punkte, für welche die richtigen Kurven zu finden waren. Heute liegen uns nun neben den Punkten eine Reihe von der Natur selbst festgelegter Kurvenstücke vor. Wer sich die Mühe giebt, diese in die meinen Tafeln beigegebenen Zeichnungen einzutragen, kann leicht ein Urtheil darüber gewinnen, ob und wie weit eine Differenz zwischen beiden vorliegt. Kunze spricht sich unbedingt für Localertragstafeln aus und gesteht nur diesen Werth zu.

Glossen über die neuesten Normalertragstafeln schrieb Ney-Hagenau. Die erste Frage, die er sich vorlegte, war: In welchem Alter culminirt am Hauptbestande der Zuwachs? Um den Zeitpunkt genauer, als in den Tafeln geschehen, zu bestimmen, sucht Ney die zweite Decimale, übersieht aber dabei, daß die Tafelwerthe abgerundete sind und die erste Decimale schon ungenau ist. Ney's Antwort wird daher auch sehr anfechtbar und somit auch viel vom Aufbau der folgenden Glossen (Allg. F. u. J. pag. 81).

In dem Streite über die Aufstellung der Ertragstafeln (v. Baur-Weise) ist zum Schlusse (v. B. C. pag. 271) von W. durch eine sehr einfache Rechunng auch zahlenmäßig nachgewiesen, wie man die Angaben der Querflächensumme in den Ertragstafeln aus den zugehörigen Unterlagen findet. v. Baur war es bekanntlich durchaus nicht möglich gewesen, Kurven und Unterlagen in Einklang zu bringen. Die Bestandsformzahl, die ja in diesem Streite auch eine wesentliche Rolle spielte, hat ihre Existenzberechtigung nicht nur durch die Lorey'schen Tafeln, sondern auch durch Kunze und durch einen Aufsatz des F.-Acceſſ. Walther bestätigt erhalten. Kunze schreibt Th. J. pag. 44. Für die Bestandsmassenermittelung zu taxatorischen Zwecken ist es völlig genügend, neben der Stammgrundfläche die mittlere Höhe zu messen und die dieser Höhe entsprechende mittlere Formzahl anzuwenden. Walther hat aus den für Ertragstafelaufstellung mitgetheilten Unterlagen die Quotienten aus Masse als Dividendus und Kreisfläche als Divisor berechnet. Er findet, daß sie nicht vom Alter, sondern nur von der Höhe abhängig sind und will sie daher zur Massenermittelung gebrauchen. Diese Quotienten sind die Bestandsrichthöhen und das Verfahren der Massenberechnung ist das, was in den Ertragstafeln für die Kiefer geschildert ist.

Der Messung der Querflächen ist mehrfach eine prüfende Aufmerksamkeit geschenkt. Neumeister-Tharand vergleicht (Th. J. pag. 127) die Arbeit des Baumzirkels, der Kluppe und des Meßbandes unter dem Ergebniß, daß der letztere gegen die ersten beiden zu hohe Resultate giebt. Der Baumzirkel erwies sich als gut, die Kluppe, das einfachere Instrument, jedoch nicht minder. Ueber Gestalt der Querflächen an Berglehnen erfahren wir Oe. F. 10 Folgendes: Bei der Fichte wuchsen auf den Südseiten viel Stämme mit normalen Flächen. Spannrückige Stämme fand man am meisten auf Abdachungen nach N.-O. und N.-W. Bei Lärchen und Kiefern stehen die meisten normal geformten Stämme auf Südosthängen.

Ueber die Abrundung der Durchmesser sind von Kunze (Th. J. pag. 116), v. Oetzel (F.-Bl. pag. 16) abermals Erörterungen gegeben. Es handelt sich um die Frage, ob 0,5 cm vernachlässigt oder für voll gerechnet werden sollen. Die Entscheidung würde mehr Werth haben, als es factisch der Fall ist, wenn man überhaupt auf Millimeter genau messen könnte. Die Kluppe giebt aber dazu zu rohe Näherungswerthe.

v. Schröder-Tharand macht eine Methode bekannt, Stammscheiben mit Jahrringen naturgetreu abzubilden. Die Scheibe wird durch Hobeln und Reiben eben gemacht, dann wird von einem Holzschneider das nicht abzudruckende Holz, entfernt z. B. bei Nadelholz das weiche Frühjahrsholz. Schwärzt man darauf die Scheibe, so wird ein Abdruck auf Papier nur das Herbstholz und damit den Verlauf der Jahrringe zeichnen. Ist das Holz sehr weich, so daß es den Druck nicht verträgt, so nimmt man einen Wachsabdruck und von diesem auf galvanischem Wege ein Kupfercliche (Th. J. pag. 128).

Forstassistent Dr. Nördlinger bringt (Allg. F. u. J. pag. 265) über Zuwachs und Zuwachsprocent eine Arbeit, welche von der staatswirthschaftlichen Facultät der Universität Tübingen als Inauguraldissertation genehmigt wurde. Wir heben folgendes daraus hervor: Das Zuwachsprocent eines Baumes sinkt danach um so rascher, je stärker er in seiner Jugend zuwächst; bei gleichem Alter verschiedener Bäume hat der auf besseren Standort stehende das kleinere Procent. Der Flächenzuwachs von Schlußstämmen nimmt am Schafte von unten nach oben ab bis zur Baumesmitte, unterhalb der Krone verstärkt er sich, nimmt aber innerhalb derselben wieder und zwar rasch ab; das Zuwachsprocent steigt vom Fuß nach der Spitze. Das mittlere Zuwachsprocent des Schlußstammes findet man bei älteren hochstämmigen Fichten und Tannen und jüngeren, in vollem Höhenwuchse begriffenen Buchenstangen in Stammesmitte. Bei allen anderen Buchen liegt es etwas tiefer. Ueberall wird es aber in der Zone von 40—50 pCt. der ganzen Scheitelhöhe gefunden.

Das mittlere Zuwachsprocent der Bestände ist von Borggreve und Michaelis besprochen (F. Bl. 313). Es wird dabei von

Neuem constatirt, daß die Differenzen des Zuwachsprocentes der einzelnen Stämme eines Bestandes gering sind. Man erhält daher schon aus 10 Untersuchungen eine Größe, die durch Hinzutritt neuer wenig verändert wird. B. macht sodann darauf aufmerksam, daß man das Bestandszuwachsprocent nicht als einfaches arithmetisches Mittel der für den Stamm geltenden Größen berechnen darf, sondern daß man die Kreisflächen berücksichtigen muß. Uebrigeus ist das Zuwachsprocent auch bei genauester Berechnungsmethode immer nur ein Näherungswerth, und wenn, wie sub I. des betr. Aufsatzes constatirt ist, das Procent im Bestande überhaupt wenig schwankt, muß anch das einfache arithmetische Mittel eine durchaus brauchbare Größe liefern.

Forstmeister Urich theilt (Da. Z. pag. 16) ein Verfahren mit, wonach man die Durchmesser der Probestämme durch einfache Abschätzung findet. Als Leitstern dienen die Stammzahlen, die sich in jeder Durchmesserklasse finden. Es nähert sich das Verfahren demjenigen, bei welchem die Durchmesser der Probestämme durch Abzählen nach dem Kluppmanuel gefunden werden.[1])

Fankhauser jun. kommt bei einer Besprechung der Verfahren, wie das Alter eines Bestandes zu berechnen ist, zu dem Schlusse, daß für gewöhnliche Taxationszwecke es genügt, das Alter aus den arithmetischen Mittelstämmen zu bestimmen. (Schw. Z. pag. 22).

g) Waldwerthberechnung und Statik.

Endres, Forstpract., Die Productionsfactoren in der Waldwirthschaft. Inaug.-Dissertation. Dresden, Schönfeldt u. Thar. J. pag. 303.

In dieser Schrift werden die Productionsfactoren zuerst als solche besprochen, dann deren Verwerthung im Product. Hierbei geht V. auf die Wirthschaftssysteme über und kommt dabei zu dem Satze, daß die Massenwirthschaft im Walde der volkswirthschaftlichen Stufe der Naturalwirthschaft, die Bruttogeldwirthschaft derjenigen der Geldwirthschaft und endlich die Reinertragswirthschaft derjenigen der Kreditwirthschaft entspricht. Aus der Thatsache, daß zwar im Allgemeinen bei uns die Volkswirthschaft in die Stufe der Kredit-

[1]) Jubelschrift der Forstacademie Eberswalde. pag. 105.

wirthschaft getreten ist, daneben aber auch in wirthschaftlich abgeschlossenen Gebieten die Geld- und Naturalwirthschaft als herrschender Zustand angenommen werden kann, geht mit Nothwendigkeit hervor, daß bald das eine, bald das andere Waldwirthschaftssystem seine Berechtigung haben kann, daß aber die Tendenz des Wirthschafters immer darauf gerichtet sein muß, hinter den allgemeinen fortschreitenden Culturzuständen mit dem System der Wirthschaft nicht zurückzubleiben.

Wie weit mitunter bei practischer Anwendung der Waldwerthberechnungstheorien die Ergebnisse auseinandergehen und von thatsächlichen Verhältnissen abweichen, ergiebt recht deutlich eine Darstellung in der Allg. F. u. J. pag. 349. Es handelt sich um eine Brennholzablösung, bei der eine Abfindungsfläche in Wald gegeben werden muß. Der erste Sachverständige rechnet 256,58, der zweite 332,98 ha heraus. Die Rente des Buchenhochwaldes erscheint dem ersten Sachverständigen zu 106,72 Mk., dem zweiten zu 82,23 Mk.! Das sind Beträge, die zu den großen Ausnahmen gehören.

Fm. Urich zeigt (v. B. C. 273), wie schwierig es bei den jetzigen Preisschwankungen des Holzes ist, ein für alle Theile annehmbares Ablösungskapital für die Berechtigungen zu finden. Am zweckmäßigsten scheint es ihm, von förmlicher Ablösung vorerst abzusehen und sich über Gewährung einer veränderlichen Geldrente zu einigen.

4. Aus der forstlichen Geräthekammer.

Die Hacker'sche Verschulungsmaschine ist in Gußwerk in Gebrauch genommen und werden die Versuche, die bisher im Allgemeinen günstig ausfielen, fortgesetzt werden (v. S. C. pag. 452).

Eine neue Pflanzlatte ist vom Forstgehülfen Mutscheller in Rengetsweiler, Oberamts Sigmaringen, construirt. Die Pflanzen werden in den Einschnitten derselben nicht nur durch ihre eigene Benadelung, sondern auch durch eine Leine gehalten. Auch ist eine Wendung der Latte auf die hohe Kante möglich, so daß man dann von beiden Seiten der Wurzel die Erde heranbringen kann (Allg. F. u. J. pag. 7).

Klar, Berlin, Linienstr. 109, hat ein zum Abschneiden von Unkraut bestimmtes dreieckiges Messer construirt. Neu und eigenthümlich ist die Anheftung des Stiels auf der Mitte der Dreiecksfläche. Preis 2,30 Mk. ohne, 2,50 mit Stiel. Abbildung siehe Oe. F. 10.

Troemé-Bécker zu Paris ist eine Säge patentirt, die gehobelte Brettwaare liefert. Die Säge ist combinirt mit einem Hobel, dem Schaber und Schleiffläche beigegeben werden kann. Beschreibung und Abbildung Oe. F. 14.

Maschinen zur Herstellung von Packfässern sind jetzt zu außerordentlicher Vervollkommnung gelangt. Der Handarbeit bleibt eigentlich nur noch das Einsetzen der Böden und das Umlegen der Reifen. Abbildungen der Maschinen bringt Oe. F. No. 9. Dasselbe Blatt führt uns durch Schrift und Bild auch eine Menge von anderen Holzverarbeitungsmaschinen vor und läßt uns von Neuem einen tiefen Einblick thun in den Eifer, mit dem der Maschinentechniker dieses Feld bearbeitet. Der Forstmann kann kaum noch thätig mit eingreifen, seine Aufgabe ist es, sich fort und fort darüber zu unterrichten, welche Anforderungen die neuen Maschinen an die Ausformung des Rohmaterials stellen. Auch dafür sind uns die Darstellungen in der Oe. F. eine wesentliche Hülfe.

Oberförster von Lindenau hat eine Schneewalze construirt, welche bei hohem Schnee für das Brechen der Bahn benutzt werden soll. Sie hat vor dem Schneepfluge den Vorzug, daß sie die Bildung der Schlittenbahn befördert. (Verh. d. Sächs. F.-V. und Da. Z. pag. 572.)

Eck zu Gera hat neuerdings einen Nummerir-Apparat hergestellt, den Professor Dr. Heß auf seine Brauchbarkeit prüfte. Die Leistungsfähigkeit blieb dabei aber hinter der des Göhler'schen Hammers zurück. (v. B. C. pag. 605).

Der Matthes'sche Höhenmesser (Chr. IX. pag. 71) ist vom Oberförster Brock als ein gutes Instrument befunden worden (v. B. C. pag. 613). Die Brauchbarkeit des Weise'schen wird in der Schw. Z. hervorgehoben. Der Klaußner'sche ist weiter verbessert und in dieser Form (v. B. C. pag. 395) abgebildet und beschrieben. In Da. Z. 372 widmet ihm Müttrich eine längere

Besprechung. Ein neuer Selbstcubirungsmaßstab ist von Schinzel erfunden und Oe. F. 52 beschrieben. Der Referent Hawranek hebt jedoch hervor, daß das Instrument nicht dem Namen entspricht und es meist einfacher sein wird, den Inhalt der Hölzer mit den alten Hülfsmitteln zu finden.

5. Aus dem Rechtswesen.

Glatzel und Sterneberg. Das Verfahren in Auseinandersetzungsangelegenheiten nach Maßgabe des Gesetzes vom 18. Februar 1880. Berlin, Parey.

Kohli, Stadt-Syndikus. Sammlung der Preußischen Forst- und Jagdgesetze vom Jahre 1806 bis auf die neueste Zeit mit Erläuterungen. Berlin, Jul. Springer.

Oberforstmeister Dr. Danckelmann. Ueber die Grenzen des Servitutrechts und des Eigenthums bei Waldgrundgerechtigkeiten. (Da. Z. pag. 65, 121).

Die Wirkungen des neuen Gerichtsverfahrens auf die Abnahme der Forstfrevel ist fast überall festgestellt. Der schlesische F.-V. hatte eine Verhandlung über den Gegenstand.

Eine Besprechung des in Sachsen gültigen Forststrafgesetzes im dortigen Forstvereine führte zur Annahme folgender Resolution: der Verein beschließt, seine Ueberzeugung dahin auszusprechen, daß für das sächsische Forststrafgesetz Aenderungen und Erweiternngen betr. die Forstpolizei dringend wünschenswerth sind und beauftragt seinen Vorstand, diesen Beschluß in geeigneter Weise zur Kenntniß des Kgl. Finanzministeriums zu bringen, verknüpft mit der Bitte, bei etwaiger Berathung eines Gesetzentwurfes auch forstliche Techniker zuzuziehen.

In Oesterreich ist unter dem 30. Juni ein Gesetz zur unschädlichen Ableitung von Gebirgswässern erschienen, dessen Inhalt im Auszuge (Da. Z. pag. 587) mitgetheilt wird.

6. Aus der Verwaltung.

Dr. Schwappach, Prof. Handbuch der Forstverwaltungskunde. Berlin, Springer.

Denkschrift. Die Reorganisation der bayrischen Staatsforstverwaltung betr., abgedruckt in Allg. F. und J. pag. 20. v. B. C. Bl. pag. 1.

Nitzsche. Die bayrische Staatsforst-Verwaltung und ihre Reform. Leipzig, Schmidt und Günther.

Aus dem Anhang der Dienstinstruction für die Oberförstereien im Herzogthum Sachsen. Gotha. Allg. F. u. J pag. 108.

Dienstinstruktion für die k. k. Forst- und Domänenverwalter (Oberförster und Förster). Wien.

Desgl. für die k. k. Forstwarte. Wien.

Desgl. für die k. k. Legstatt-Verwalter. Wien.

Die Reorganisation der bairischen Forstverwaltung ist nach ziemlich lebhafter Debatte in der Form, wie sie die Regierung vorschlug, angenommen. Im Abgeordnetenhause wurden 94 Stimmen für, und 56 dagegen abgegeben, während in der Kammer der Reichsräthe die Annahme einstimmig erfolgte. In den forstlichen Kreisen Deutschlands hat man der Entwickelung mit allgemeinem Interesse zugesehen und das Ergebniß sympathisch begrüßt. Doch wollen wir nicht unerwähnt lassen, daß die oben angeführte Nitzsche'sche Schrift auf einem ganz anderen Standpunkte steht. N. sucht das von Baiern angenommene Oberförster-System zu bekämpfen. Da seine Schrift vor der Entscheidung erschien und, wie die Z. d. D. F. pag. 123 mittheilt, kostenfrei an Bairische Abgeordnete, auch an Zeitungen versandt und damit zum Agitationsmittel wurde, so rief sie bald scharfe, eingehende Besprechungen hervor. Eine solche findet sich in der Z. d. D. F. pag. 123 und in v. B. C. B. pag. 580, letztere hat Forstrath Heiß zum Verfasser.

Die Organisation selbst anlangend, so wird sie nach den Grundzügen ins Leben treten, die bereits im vorigen Hefte pag. 76 angegeben sind. Der künftige Personalstand ist folgender: Die Ministerial-Forstabtheilung besteht aus 1 Ministerialrath, 4 Oberforsträthen, 2 Forsträthen, 1 Forstbuchhalter, 2 Kanzlisten. Bei den Regierungsforstabtheilungen arbeiten 8 Oberforsträthe, 40+10 Inspectionsbeamte, 8 Forstbuchhalter, 24 Buchhaltungsofficianten, 20 Buchhaltungsfunctionaire. Die Localverwaltung besteht aus 360 Amtsvorständen, 140 Nebenbeamten und 100 Assistenten. Die Nebenbeamten werden da angestellt, wo in ausgedehnten Amtsbezirken vom Amtsitze entlegene oder isolirte größere Waldungen als besondere Bezirke ausgeschieden sind. Die Stellen werden mit

Assessoren besetzt, denen zur Unterstützung das nöthige Unterpersonal beigegeben ist. Sie sind für den richtigen Vollzug der ihnen aufgetragenen oder instructionsmäßig zukommenden Geschäfte verantwortlich. Die Buchhaltungsbeamten der Regierungen werden aus der Reihe der für diesen Dienst geprüften Bewerber des niederen Forstdienstes entnommen. Als Buchhaltungs-Officianten können jedoch auch Assessoren eintreten, sie müssen dann aber im Buchhaltungsdienst verbleiben. Der Ministerialforstbuchhalter wird den Assessoren entnommen. Der Buchhaltung liegt die Revision des forstlichen Rechnungswesens ob. Dem Forst-Buchhalter ist speciell die bureaumäßige Leitung übertragen. Die Forstschutzbeamten, die auf Waldbauschulen vorgebildet werden sollen, erhalten ihre erste Anstellung als Forstaufseher, werden dann Forstgehilfen, können von da in die Forstbuchhaltung übergehen oder weiter durch die Stellung als „exponirte Gehilfen" zu Förstern emporsteigen. Solche werden nur für diejenigen vom Amtssitze entlegenen Theile oder isolirten Waldungen angestellt, die nicht zur Besetzung mit Nebenbeamten geeignet sind. Sie haben dort den Betrieb nach Anordnung des Localverwaltungsbeamten auszuführen und zugleich den Forstschutz zu besorgen. Angenommen sind 250 Försterstellen, 524 solche für exponirte Gehilfen, 260 für Forstgehilfen bei der Localverwaltung und 300 für Forstaufseher. (Allg. F. u. J. pag. 20. v. B. C. pag. 1).

Die einleitenden Bestimmungen zur Durchführung der Reorganisation sind bereits getroffen. Danach sollen aus den Vorständen der bisherigen Forstämter die Mitglieder der zu Regierungsforstabtheilungen umzuformenden Kreisforstbureaus ergänzt werden. Einer Anzahl von Forstmeistern wird dagegen anheimgestellt in die Stellung eines Amtsvorstandes überzutreten. Die Vorstände der Regierungs-Forstabtheilungen (Oberforsträthe) bekommen Rang und Gehalt der Oberregierungsräthe. Die Amtsvorstände, deren Titel noch vorbehalten bleibt, beziehen ein Diätenfixum und Reisekostenaversum.

Ueber die preußische Verwaltungs-Organisation haben die F. Bl. pag. 129 einen Aufsatz gebracht. Es ist darin namentlich die leicht zu großer Machtfülle anwachsende Stellung des Oberforstmeisters beleuchtet, unter der dann Forstmeister und Oberförster zu leiden haben. Der Schwerpunkt wird immer mehr nach oben verrückt, sagt V., der Oberförster darf sich der Sache nach nicht mehr als der verantwortliche Verwalter der Oberförsterei ansehen. Die höheren Instanzen halten es vielmehr für angemessen, sich auch in localtechnischer Beziehung als die alleinigen Träger der Initiative anzusehen und gleichzeitig dem Oberförster trotz seiner Verantwortlichkeit Functionen zuzumuthen und aufzuzwingen, die den gereiften und verständigen Erfahrungen desselben zuwiderlaufen, ohne ihm zu gestatten oder zu ermöglichen, seinen Anschauungen in wirksamer Weise Ausdruck zu geben. V. sieht den Grund für solche Erscheinungen in dem Systeme und dieses will er umgestalten. Er hält es für zulässig, mindestens die Hälfte der Forstmeisterstellen einzuziehen und die Stellung des verbleibenden Theils der Forstmeister mit der der Oberforstmeister zu verschmelzen, die zu dem Zwecke eine halbe Stufe herabsteigen. Die Ministerial-Instanz soll mehr, als bisher bei Fragen, die den jährlich aufzustellenden Cultur- und Hauungsplan betreffen, herangezogen werden. Sie tritt vielfach an Stelle des heutigen Oberforstmeisters. Man sieht, wie viel ins Wanken und Neugestalten kommen soll und doch wird mancher nicht davon überzeugt sein, daß das hier Geplante besser ist. Will man die Stellung des Forstmeisters gewichtiger machen, so kann man das, glaube ich, ohne an der preußischen bewährten Organisation zu rütteln, dadurch erreichen, daß man in der Regel dem Forstmeister die Feststellung der jährlichen Cultur- und Hauungspläne überträgt, und nur bei vorliegenden Meinungsverschiedenheiten zwischen Oberförster und Forstmeister dem Oberforstmeister die entscheidende Stimme einräumt.

Zur Sache sprechen in der Folge noch Borggreve (F. Bl. pag. 160), Anonymus (F. Bl. pag. 193), dsgl. F. Bl. pag. 200, und pag. 254.

Ein vom Fm. Holland verfaßter Aufsatz kommt nach Besprechung der württembergischen, badischen und preußischen Verhältnisse zu dem Schlusse, daß es für Württemberg zweckmäßig sein würde, die sämmtlichen der Zahl nach vielleicht noch zu reducirenden Forstmeister im Centrum der Forstdirection zusammenzuziehen, wo dieselben für zwei zu sondernde Hälften des Landes zwei je unter dem Vorsitze eines Oberforstmeisters stehende Collegien bilden würden.

Wünsche aus Thüringen werden uns in v. B. C. B. pag. 154 vorgetragen. Wir dürfen sie als ganz entschieden berechtigt ansehen, soweit sie sich auf den Wirkungskreis der Revierverwalter beziehen. Er entspricht nicht mehr den Anschauungen der Gegenwart. Für ferner Stehende wollen wir nur das zur Aufklärung mittheilen, daß die Geschäfte der Holzabzählung manchen Ortes noch als besonders wichtige Verrichtung des Inspectionsbeamten angesehen und daß selbst geringfügige Holzverkaufstermine selten von den Oberförstern abgehalten werden. Ein Höherer stellt sich dazu ein.

7. Aus dem Versuchswesen.

Mittheilungen aus dem forstlichen Versuchswesen Oesterreichs. Neue Folge, III. Heft. (Wachtl, Borkenkäfer.)

Ganghofer, Ministerialrath. Das forstliche Versuchswesen. 2. Band, 2. Heft (letztes). Augsburg. Schmid's Verlag in Comm.

Dr. Müttrich, Professor. Jahresbericht über die Beobachtungsergebnisse auf den forstlich meteorologischen Stationen für 1883. Berlin, Springer.

Der Verein der forstlichen Versuchs-Anstalten hielt eine Sitzung in Frankfurt a. M. ab und berieth daselbst über die Vornahme von phänologischen Beobachtungen, über die Errichtung von Regenstationen, über Abänderungen des Arbeitsplanes betr. die Anbau-Versuche mit fremden Holzarten und über die Ausdehnung dieser Versuche auf japanische Holzarten. Daran schlossen sich Mittheilungen über die Aufstellung von Ertragstafeln und von Massentafeln.

Die Ausdehnung und Organisation der phänologischen Beobachtung in der jetzt geplanten Weise ist von Baiern nicht angenommen, weil daselbst seit 1869 Beobachtungen gemacht sind und dieselben als abgeschlossen betrachtet werden. Rob. Hartig spricht sich (Allg. F. u. J. pag. 314) entschieden gegen die Vornahme phänologischer Beobachtungen aus, weil wir nicht im Stande sind, aus dem Eintritt einer Vegetationserscheinung einen sicheren Schluß zu ziehen auf das Klima einer Gegend, ja den Eintritt selbst nicht genügend zu fixiren vermögen. Daher muß auch die Frage, ob Wissenschaft und

Praxis einen Nutzen aus den Beobachtungen hat, verneint werden. Sollen sie aber doch einmal vorgenommen werden, so soll man sie nicht den Forstleuten übertragen, denn diesen fehlt die dazu erforderliche Zeit.

Die erste Fachconferenz für das österreichische Versuchswesen fand im März statt. Nach dem Vortrage v. Seckendorffs über die fertigen Arbeiten und die in nächster Zeit vorzunehmenden, trat man in die Berathung des aufgestellten Programms, dessen Nummern mit einzelnen Aenderungen angenommen wurden.

Die Errichtung einer forstlichen Versuchsanstalt für die Schweiz ist im Kreise einer dazu berufenen Kommission besprochen worden. Man hat sich dabei mit der Organisation des Versuchswesens einverstanden erklärt, auch die Verbindung mit der Forstschule als zweckmäßig hingestellt. Dabei soll die eventuell zu errichtende Anstalt aber doch ihre Selbstständigkeit wahren. Auch das Einzelne der Organisation fand Beachtung und wird die Angelegenheit demnächst den Bundesrath beschäftigen.

Die Beobachtungen über den Einfluß des Waldes sind in Oesterreich jetzt auf meteorologischen Radialstationen begonnen. Zur Einrichtung solcher Stationen ist ein möglichst großer zusammenhängender Waldcomplex nöthig, welcher bis auf bedeutende Entfernungen nach allen oder nahezu allen Seiten hin in gleicher Höhenlage von Freiland umgeben ist. In solchem Walde wird eine Centralstation errichtet, dann nach den Hauptrichtungen des Windes eine Anzahl von Radialstationen. Sie liegen außerhalb des Waldes in größerer und geringerer Entfernung von demselben. Durch dieselben läßt sich constatiren, wie weit Winde, die über den Forst hin wehen, Feuchtigkeit verlieren oder gewinnen und wie weit der Wald die Lufttemperatur des Freilandes beeinflußt. (v. S. C. dag. 569.)

8. Aus der Statistik.

Dr. Lehr, Professor, Beiträge zur Statistik der Preise insbesondere des Geldes und des Holzes. Frankfurt a. M. Sauerländer.

Fürst, Akademie-Director, Die Waldungen in der Umgebung von Aschaffenburg. Aschaffenburg, Krebs.

Beiträge zur Forststatistik des deutschen Reichs (Separat-Abdruck der Monatshefte zur Statistik des deutschen Reichs). Berlin, Puttkammer u. Mühlbrecht.

Forststatistische Mittheilung aus Württemberg 1882, herausgegeben von der Forstdirection. Stuttgart. Kohlhammer.

Statistische Nachweisungen aus der Forstverwaltung des Großherzogthums Baden für das Jahr 1882. Karlsruhe, Müller'sche Hofbuchdruckerei.

Richter-Tharand, Der Holzhandel über die deutschen Grenzen im Jahre 1882 (Th. J. pag. 57).

Resultate der Forstverwaltung im Reg.-Bezirk Wiesbaden, Jahrgang 1883. Wiesbaden, Bechtold.

In Preußen ist bezüglich der Organisation der Statistik ein wesentlicher Schritt zu verzeichnen. Es ist hier (Jahrgang VII. pag. 53) mitgetheilt, daß 1880 die Aufstellung von ähnlichen Verwaltungsberichten, wie sie von Wiesbaden geliefert worden, auch von den übrigen Bezirken gefordert war. Dem sind die Regierungen inzwischen nachgekommen. Das dabei gebotene Material hat aber leider nicht in vollem Umfange nutzbar gemacht werden können, weil bei Aufstellung der Nachweisungen von sehr verschiedenen Gesichtspunkten ausgegangen ist. Um nun größere Einheit, wenigstens in das Zahlenwerk hineinzubringen, ist im Ministerium eine Reihe von Formularen ausgearbeitet und ihre Benutzung vorgeschrieben. Damit ist eine feste Grundlage geschaffen, die nicht wieder verloren gehen wird. Die betreffenden Formulare sind ausführlich im Jahrb. d. Pr. F. u. J. u. V. pag. 76 ff. mitgetheilt.

Seitens des Reichs ist der forstlichen Statistik ebenfalls besondere Aufmerksamkeit geschenkt worden. Das Kaiserliche Amt hat ein Heft herausgegeben, aus dem wir Angaben über die Flächen und den Besitzstand entnehmen sollen. So freudig man auch diese Publication begrüßen kann, so dankenswerth der Arbeitsaufwand ist, um so weniger darf aber auch verschwiegen werden, daß einige der gefundenen Zahlen in wenig Einklang stehen mit anderen ebenfalls authentischen. So giebt z. B. das Werk „Das Großherzogthum Baden" das Bewaldungsprocent auf 35,32 pCt., das Reich auf 37,04 pCt. an. In Privatbesitz soll nach der ersten Angabe 32,8 pCt., nach der zweiten

34,3 pCt. sein. Die hinter diesen Zahlen stehenden absoluten Flächen differiren so, daß man nur annehmen kann, der Begriff des Waldes ist noch nicht genügend festgestellt. Daher kommt es, daß bei der einen statistischen Aufnahme dieses, bei einer zweiten jenes als Wald angesehen und in Rechnung gestellt wird.

9. Aus dem Forstunterrichtswesen.

Für die Studirenden der Preußischen Akademieen zu Eberswalde und Münden sind neue Statuten herausgegeben. In denselben ist den Veränderungen im Ausbildungsgange Rechnung getragen und z. B. der Passus bezüglich der Anrechnung des Studiums auf die Vorbereitungszeit für das Feldmessereramen fortgefallen. Der Absatz über die Disciplinarstrafen ist jetzt so gefaßt, daß außer der Fortweisung von der Akademie auch die Zurückweisung von der Prüfung auf eine bestimmte Zeit bei dem Ressort-Minister beantragt werden kann (J. B. pag. 59). Das Regulativ für die Akademieen ist ebenfalls neu redigirt und wieder in Uebereinstimmung gebracht mit demjenigen über den Ausbildungsgang. Außer dem Abgangszeugniß, das bezüglich der Unterbrechungen und Unregelmäßigkeiten in der Theilnahme am Unterricht genauer gefaßt werden kann, als bisher, wird ein besonderes Zeugniß über die regelmäßige Theilnahme am geodätischen Unterricht gegeben (J. B. pag. 64).

Die in Freistellen der Akademieen commandirten Mannschaften des Jäger-Bat. und des G.-Schützen-Bat. dürfen jetzt noch auf ein weiteres Jahr zum Besuch der Universität beurlaubt werden. (J. B. pag. 125.)

In Hessen ist das Prüfungswesen dahin regulirt, daß die Vorprüfung in einem beliebigen Semester des Studiums, die Fachprüfung aber nur nach dem Triennium abgelegt werden kann. In letzterer haben sich die Examinanden über die Kenntnisse in der Forstwissenschaft, Volkswirthschaftslehre, Landbauwissenschaft, im Staats- und Privatrecht auszuweisen. Alle übrigen Fächer sind der Vorprüfung zugetheilt. (v. B. C. pag. 578.)

Nach einem Beschlusse des schweiz. Bundesraths sollen als Bedingungen für die Wahlfähigkeit zu höheren kantonalen Forststellen gelten: forstwissenschaftliche und practische Bildung, die erstere hat derjenigen zu entsprechen, die zur Erlangung eines Diploms am Polytechnicum in Zürich verlangt wird. Sie wird dargethan in einer besonderen Prüfung, von der jedoch der Besitz eines Diploms des Züricher Polytechnicums enthebt. Die forstl. practische Ausbildung hat sich auf mindestens ein Jahr auszudehnen und die Forsteinrichtung, -Wirthschaft, -Benutzung, -Geschäftskunde zu umfassen. Auch hier ist über die erlangten Kenntnisse Prüfung abzulegen, von der nur diejenigen dispensirt werden, die sich über eine mehrjährige forstliche Thätigkeit als Angestellte ausweisen.

An der Hochschule für Bodencultur in Wien werden, wie schon pag. 33 erwähnt, vom Herbst 1884 ab besondere Vorträge über das forstliche System der Wildbachverbauung durch v. Seckendorff gehalten. Außerdem ist bestimmt, daß die Anwärter des staatlichen Forstdienstes, die über diesen Gegenstand erworbenen Kenntnisse in einer Prüfung bethätigen.

Die Frequenz der höheren förstlichen Lehranstalten war folgende:

Eberswalde: im Sommer 177 Studirende; im Winter 111.

Münden: im Sommer 111 Studirende, darunter 87 Anwärter für den preußischen Staatsdienst; im Winter 76 resp. 58.

München: im Sommer 108 Studirende, darunter 60 aus Baiern; im Winter 104 resp. 57.

Aschaffenburg: im Sommer 85 Studirende, darunter 61 Aspiranten des bairischen Staatsdienstes; im Winter 101 resp. 81.

Tharand: im Sommer 90 Studirende, darunter 42 Anwärter für den Staatsdienst; im Winter 126 resp. 54.

Eisenach: im Sommer 65 Studirende, darunter 6 aus Weimar; im Winter 74 resp. 4.

Gießen: im Sommer 45 Studirende; im Winter 41, darunter 38 Hessen.

Karlsruhe: im Sommer 11 Studirende, darunter 9 Badener; im Winter 13 resp. 11.

Tübingen: im Sommer 47 Studirende, darunter 41 Württemberger; im Winter 57 resp. 50.

Wien: Hochschule für Bodenkultur, die forstwirthsch. Abtheilung zählte im Lehrjahre 1883/4: 196 Studirende, darunter 169 ordentliche, 27 außerordentliche.

Zürich: im Sommer 11 Studirende, im Winter 19.

10. Vereinswesen und Ausstellungen.

Landolt. Bericht über die Gruppen 27 und 28 Forstwirthschaft, Jagd, Fischerei auf der Ausstellung in Zürich. Zürich, Orell, Füßli u. Co.

Die Nachrichten über die Orte, wo die einzelnen Vereine getagt haben, sowie über die schriftstellerischen Veröffentlichungen finden wir im Judeich-Behmschen Forstkalender von 1885 pag 26 ff. Außer Deutschland sind auch Oesterreich, die Schweiz und die russischen Ostseeprovinzen berücksichtigt.

Dr. Danckelmann hat im preußischen Landes-Oeconomie-Collegium einen Antrag eingebracht, das Ministerium zu ersuchen, daß den größeren Provinzialforstvereinen eine aus Wahlen ihrer Mitglieder hervorgehende Vertretung bei dem vorgenannten Collegium eingeräumt werden möge. Der Antrag wurde angenommen. Der Ausführung des Beschlusses werden aber zunächst noch eine Reihe formeller Schwierigkeiten entgegenstehen.

Die Versammlung der deutschen Forstmänner wird in hergebrachter Weise auch fernerhin tagen. Alle wesentlichen Aenderungen der alten Statuten sind nämlich in Frankfurt a. M. abgelehnt. Erwähnen wollen wir jedoch, daß nach den neuen Statuten Vorschläge zur Ernennung eines Präsidenten von dem Obmann einer Commission von 15 bis 20 Mitgliedern ausgehen sollen, welche die Präsidenten der letzten Versammlung gemeinsam mit den Geschäftsführern event. diese allein am Abend vor der ersten Sitzung aus den in weiteren Kreisen bekannten und die deutschen Forstversammlungen öfter besuchenden Theilnehmern der verschiedenen deutschen Staaten zusammenberufen. Diese einigen sich in schriftlicher Abstimmung über ihre Vorschläge.

Einen bemerkenswerthen Beschluß faßte der Mecklenb. F.-V. Er lautet: Jedes ordentliche und Ehrenmitglied eines deutschen

Forstvereins, welches die Versammlungen mecklenburgischer Forstwirthe besucht, ist berechtigt, gleich den wirklichen Mitgliedern des Vereins sich nicht bloß an allen Berathungen, Debatten und geselligen Vereinigungen, sondern auch an allen Abstimmungen mit Ausschluß der inneren Vereinsangelegenheiten zu betheiligen.

Der im vorigen Herbste pag. 86 erwähnte provinzielle Forstverein für Hannover hat bei seiner Constituirung am 26. April den Namen „Nordwestdeutscher F. V." angenommen und hofft die an H. angrenzenden Gebiete von Oldenburg und Braunschweig anschließen zu können.

Der Oesterreichische Forstcongreß tagte am 13. und 14. in Wien. Vertreten waren der Landesculturrath für Böhmen und für Tyrol, 15 forst- und landwirthschaftliche Vereine.

Aus v. S. C. Bl. pag. 379 entnehmen wir, daß sich eine internationale phytopathologische Gesellschaft gebildet hat. Sie beabsichtigt angesichts der Thatsache, daß in den letzten Jahren neue Krankheiten eingeschleppt worden sind, schnelle Mittheilung zu geben über das Erscheinen solcher, den Gang derselben und die etwaigen Bekämpfungserfolge. Letztere sollen namentlich auch für die bereits bekannten Krankheiten mitgetheilt werden. Auf die Krankheitsursachen, die Ursachen der größeren oder geringeren Empfänglichkeit erstreckt sich die Forschung natürlich ebenfalls und man hat zunächst für das Studium der Frostbeschädigungen eine Reihe von Punkten aufgestellt, um deren Beantwortung namentlich die practischen Pflanzenzüchter ersucht werden.

Eine Anzahl von Chemikern, welche sich mit Gerbstoffanalysen beschäftigen, ist zu einem Vereine behufs Feststellung eines einheitlichen Vorgehens zusammengetreten. Als Vorsitzender ist z. Z. Dr. Councler in Eberswalde thätig.

Erwähnen wollen wir auch, daß in Wien ein erster internationaler Ornithologen-Congreß getagt hat. Referate darüber bringen v. S. C. pag. 248. F. Bl. pag. 273. Da. Z. pag. 390.

Der Rechnungsabschluß des Brandversicherungs - Vereins Preußischer Forstbeamten für das vierte Rechnungsjahr weist mit 26 278 Mk. 28 Pf. eine recht erhebliche Steigerung der laufenden Prämien nach. Die mit 17 456 Mk. 80 Pf. gezahlten Entschädigungen, Belohnungen lassen einen hübschen Ueberschuß in den Reservefonds fließen.

Die Begründung einer Wittwen-Pensions- und Unterstützungskasse für Privat- und Kommunalforstbeamte wurde im Märkischen F.-Verein besprochen und eine Commission für Durchberathung der Sache berufen.

Eine forstliche Ausstellung fand in Steyr statt, sie war verbunden mit einer electrischen, industriellen und culturhistorischen. Der oberösterreichische Forstverein beschloß seine Versammlung während der Zeit der Ausstellung zu halten und an Stelle der sonst gebräuchlichen Verhandlungen zwei populäre Vorträge zu veranstalten, deren einer den Wald als Culturelement, deren anderer die Electricität im Dienste der Forstwirthschaft behandeln sollte. (Allg. F. u. J. pag. 302.)

Auch der internationalen forstwirthschaftlichen Ausstellung in Edinburg sei gedacht.

11. Aus der Literatur.

Die Zahl der 1884 erschienenen selbstständigen, den Forstmann interessirenden Schriften ist eine recht bedeutende; ein nicht minder reges geistiges Leben tritt uns aus der Journalliteratur entgegen. Wir besitzen in der Oesterreichischen Forstzeitung ein Wochenblatt, in den Supplementen verschiedener Zeitschriften, zwangslos erscheinende Hefte, dazwischen rangiren sich mit kürzeren und längeren Erscheinungsintervallen die übrigen Zeitschriften ein. Eine Reihe von Handelsblättern vervollständigen den Kreis. An Aenderungen, welche Zeitschriften betreffen, haben wir folgende zu verzeichnen:

Die vom österreichischen Reichsforstverein herausgegebene Vierteljahrsschrift ist jetzt ganz in die Redaktion v. Guttenberg's übergegangen.

v. Baur's Centralblatt hat den Titel insofern geändert, als es nicht mehr als Organ des Münchener forstlichen Lehrercollegiums erscheint.

Das Centralblatt für Holzindustrie hat sich stark genug gefühlt, um von der bisherigen Praxis abzugehen, wonach die Bekanntmachungen über Holzverkaufstermine unentgeltlich aufgenommen wurden. Inzwischen ist jedoch in Preußen in dem Reichsanzeiger ein wirkliches Centralblatt für den Holzhandel geschaffen. Der Minister hat verfügt, daß beim Beginne jedes Wirthschaftsjahres summarisch für jede Oberförsterei, die Handelshölzer auf den Markt bringt, in genanntem Blatte eine Bekanntmachung der betreffenden Hölzer erfolgt. Hierbei wird gutachtlich Quantität, Qualität sowie Zeitpunkt und Art des Verkaufs angegeben. Der generellen Bekanntmachung folgt später die specielle.

Bereits früher (Chronik 1882) ist in diesen Blättern auf den großen Uebelstand aufmerksam gemacht, der durch die Gewohnheit hervorgerufen wird, Erwiderungen, Repliken und Dupliken in verschiedene Zeitschriften hineinzubringen. Da nicht einmal sämmtliche Redaktionen den Uebelstand als solchen anerkannt haben, so darf man sich auch nicht wundern, daß auch viele Autoren bei der alten Taktik geblieben sind. Dennoch bringe ich es hier nochmals zur Sprache und zwar im Interesse des lesenden Publikums. Vielleicht hilft es dieses Mal mehr. Zu Gunsten der Lesezirkel wäre es gehandelt, wenn die Redaktionen möglichst selten eine Theilung von Aufsätzen vornehmen, vielmehr sie in einem Hefte geben wollten. Die Zeitzwischenräume, in denen die Bruchstücke erscheinen, sind nämlich zu groß, um alle Einzelheiten im Kopfe genügend festhalten zu können. Bezieht sich gar einmal ein Autor im späteren Verlauf des Textes auf eine früher gegebene Tabelle, so vermag das Mitglied des Lesezirkels gar nicht mehr zu folgen.

Dem Zuge der Zeit Fremdwörter zu verdeutschen, wird bisher bei uns noch nicht viel nachgegeben. Soll ein Anfang gemacht werden, so würde ich zunächst für Fortlassung der fremdsprachlichen Redensarten sein, zumal der Druckfehlerteufel sie mit Vorliebe neckt,

Zum Schlusse tragen wir noch folgende bisher nicht genannte Schriften nach:

Grunert, Oberforstmeister a. D., Die Forstlehre. 4. Aufl. Trier. Lintz.

H. Fischbach, Katechismus der Forstbotanik. 4. Aufl. Leipzig, Weber.

G. L. Hartig, Lehrbuch für Jäger, und für die, welche es werden wollen. 11. Aufl., herausgegeben von Prof. R. Hartig.

Dietrich, Forstflora. 6. Aufl. von F. v. Thümen.

Forstlexikon, deutsch-böhmisches. Herausgegeben vom böhmischen Forstverein. Prag.

Preser, Carl. Ueber den Einfluß entwaldeter Höhen auf die Bodencultur. Prag.

Forschungen auf dem Gebiete der Agriculturphysik. Herausgegeben von Prof. Dr. Wollny. 7. Band, 1—3. Heft.